Aquarien-pflanzen

AUTOR: STEFAN HUMMEL | FOTOGRAF: CHRIS LUKHAUP

Inhalt

Welt der Wasserpflanzen

Wasserpflanzen im Aquarium sehen nicht nur dekorativ aus, sondern sie sorgen auch für das biologische Gleichgewicht. Je mehr Sie über die verschiedenen Wasser- und Sumpfpflanzen, deren Naturstandorte und Wuchsverhalten wissen, desto besser können Sie die richtige Pflanzenauswahl für Ihr Aquarium treffen.

Wasserpflanzen in der Evolution

Alles Leben auf unserem Planeten hat sich aus dem Wasser entwickelt – auch die unterschiedlichen Pflanzenformen. Zuerst gab es Einzeller. Im Laufe von Jahrmillionen entstanden aus ihnen schließlich einfache Zellfäden, später verzweigte Fäden und weitere einfache Pflanzenkörper.

Die Rückkehr ins nasse Element

Algen sind von Haus aus Wasserpflanzen, deren Lebensraum entweder Salz- oder Süßwasser ist. Einige Grünalgen des Süßwassers haben jedoch im Lauf der Zeit vererbbare Merkmale herausgebildet, die auch ein Leben auf dem Land möglich machten. Es entstanden neue morphologische und anatomische Strukturen – die ersten Moos- und Farnpflanzen waren »geboren«. Danach folgten die Samenpflanzen mit ihrer extremen Formenvielfalt. Jede höher entwickelte Pflanze ist ein Gewächs des festen Landes. Unsere Wasserpflanzen haben sich sekundär wieder dem Lebensraum Wasser angepasst. Bei der Rückkehr in das nasse Element behielten sie jedoch fast ausnahmslos alle Merkmale des »Landlebens« bei. Allerdings fand ein einheitlicher Umbau an das Lebenselement Wasser statt.

Zwischen Wasser und Land Die in Aquarien gepflegten Pflanzenarten besiedeln in ihren Heimatgebieten unterschiedliche Standorte. Die meisten Gewächse besiedeln die Übergangszonen zwischen Land und Wasser und sind regelmäßig Überflutungen ausgesetzt. Sie haben daher emerse (über Wasser) und submerse (unter Wasser) Lebensphasen. Viele unserer Pfleglinge stammen aus dieser Gruppe und werden in der Regel gärtnerisch über Wasser herangezogen und kultiviert. Einige Arten haben sich so spezialisiert, dass nur eine Kultur unter Wasser erfolgen kann.

Wunderbare Formenvielfalt

Durch die unterschiedlichen Lebensbedingungen an ihren natürlichen Standorten haben Aquarienpflanzen vielfältige Formen und Farben entwickelt. Gerade bei den Sumpfpflanzen ist das Spektrum beeindruckend, da sich die Überwasserblätter oft stark von den Unterwasserblättern unterscheiden.

Unterwasserblätter Sie sind meist auf das Leben unter Wasser spezialisiert und zeigen oftmals typische Eigenschaften. So sind sie in der Regel sehr weich und dünn, bei einigen Arten sogar transparent wie etwa bei den Wasserschrauben *(Vallisneria)*. Auch die Pfeilkräuter *(Sagittaria)* besitzen unter Wasser glasige, bandförmige Blätter. Ein weiteres typisches Merkmal vieler Unterwasserblätter ist ihr gefiedertes und feingliedriges Aussehen. Haarnixe *(Cabomba)*, Sumpffreund *(Limnophila)* und Hornkraut *(Ceratophyllum)* zeigen diese Merkmale und sehen sich dadurch sehr ähnlich. Es gibt aber auch Pflanzen mit nadelförmigen Blättchen am Stängel wie *Rotala*-Pflanzen. Sie wirken wie kleine Tannenwedel unter Wasser. Neben diesen vielen grazilen Blattformen gibt es natürlich auch rundliche, elliptische und eiförmige Blätter in allen Größen. Auch hier ist der Unterschied zwischen Über- und Unterwasserblatt der gleichen Pflanze oft sehr unterschiedlich. Schwertpflanzen *(Echinodorus)* sind ein schönes Beispiel derartiger Blattunterschiede. Viele Arten der Schwertpflanzen haben unter Wasser deutlich länger gestreckte Blattformen als über Wasser. Auch die beliebten Wasserkelche *(Cryptocoryne)* haben schmale, spitz zulaufende Blätter unter Wasser, die deutlich länger sind als die Überwasserform. Eine besonders attraktive Blattform besitzen die Farne. Sie sehen ähnlich aus wie die Farnpflanzen unserer heimischen Wälder.

Überwasserblätter In der Regel sind Überwasserblätter, aber auch der Stängel oder andere Pflanzenteile deutlich härter und fester. Dies ist zur Stabilisierung des Pflanzenkörpers außerhalb des Wassers sehr wichtig. Die Blattform ist meist einfacher aufgebaut. Ein gutes Beispiel ist der Indische

Fein gefiederte Wasserblätter einer Sumpffreundart *(Limnophila)*. Die Landform der Blätter ist nicht gefiedert und derb.

Die meisten Aquarienpflanzen haben das Bestreben, aus dem Wasser herauszuwachsen, wie auf diesem Foto die Rubin-Ludwigie.

Diese harmonische Szene in einem prächtigen Unterwasser-Garten wird mit vielen unterschiedlichen Pflanzenformen und -farben erreicht.

Wasserwedel *(Hygrophila difformis)*. Das Unterwasserblatt ist stark geschlitzt und gefiedert, das Überwasserblatt ist oval und nur leicht am Blattrand gesägt. Eine weitere Eigenart ist die feine Behaarung von Blättern und Stängeln wie etwa beim Fettblatt *(Bacopa)*. Sie dient als Sonnenschutz und am Naturstandort sogar als Kälteschutz. In geschlossenen Aquarien fehlt Überwasserblättern allerdings der Platz zum Herauswachsen.

Blüte Über Wasser kann man auch die Blüten verschiedener Pflanzen beobachten. Meist sind sie eher kleiner und nur wenige Millimeter bis einen Zentimeter groß. Ein besonderes Highlight ist die Tigerlotus *(Nymphaea lotus)*. Blütendurchmesser von 8 bis 15 cm sind keine Seltenheit, jedoch nur bei offenen Aquarien zu bestaunen.

Farbenvielfalt Schon allein durch die vielen verschiedenen Grüntöne der Pflanzen können Sie einen Unterwasser-Garten unglaublich spannend gestalten. Auch Rot- und Brauntöne in allen Mischvariationen sind im Angebot wie etwa Rotala und viele Ludwigien oder Wasserkelche. Interessanterweise ist die Färbung unter Wasser oft intensiver als im Wachstum über Wasser. Bei den meisten farbigen Aquarienpflanzen gilt die Regel: Je stärker die Beleuchtung, desto stärker die Farbausprägung. In den letzten Jahren wurde die Farbpalette durch viele Züchtungen erweitert. Besonders bei den Schwertpflanzen gibt es eine riesige Vielfalt.

Auf **Kontraste** achten

Grasartige Vordergrundpflanzen wirken großzügig und vermitteln »Wiesencharakter«. Hintergrund mit hoch und dicht wachsenden Arten bepflanzen, vor allem Stängelpflanzen in größeren Gruppen setzen. Farbige Pflanzen gezielt als Blickpunkt einplanen. Generell gilt: nicht zu viele verschiedene Pflanzenarten verwenden. Durch Steine und Wurzeln wirkt der Unterwasser-Garten natürlich.

Anatomie der Pflanzen

Blüte

Bei vielen Aquarienpflanzen ist die Blütenbildung nur über Wasser zu beobachten. Bei offenen Aquarien ohne Abdeckung kann man die Blüten von Schwertpflanzen *(Echinodorus)*, Wasserfreund *(Hygrophila)* oder Ludwigien *(Ludwigia)* bestaunen.

Stängel

Der Stängel ist das Verbindungsstück zwischen Wurzel und Blatt. Er dient zur Stabilisierung der Pflanze und als Transportorgan für Wasser, Nährstoffe und Gase. Unterwasserstängel sind eher weich, Überwasserstängel härter und manchmal auch behaart.

Wurzel

Neben der Nährstoffaufnahme haben Wurzeln auch eine wichtige Verankerungsfunktion im Bodengrund. Gesunde und vitale Pflanzen können ein dichtes, weit verzweigtes Wurzelwerk im Aquarium bilden.

Blatt

Im Blatt produzieren die Wasserpflanzen aus Licht, Wasser und Kohlendioxid Glukose als Nahrungsgrundlage. Hier ist der wichtigste Ort der Photosynthese und der Wasserverdunstung (bei Überwasserpflanzen). Die zarten Unterwasserblätter können wichtige Mineralstoffe aufnehmen. Über- und Unterwasserblatt unterscheiden sich oft stark wie hier beim Indischen Wasserwedel.

Rhizom

Ein Rhizom wird oft als dicke Wurzel bezeichnet, ist aber eigentlich ein verdickter Stängel und manchmal sogar ein Speicherorgan. Die Speerblätter *(Anubias)* wachsen mit den Rhizomen kriechend über Steine und Wurzeln.

Zwiebel, Knolle

Sie sind Speicherorgane, mit deren Hilfe Trockenperioden am Naturstandort überdauert werden können. Die Wasserähren und die Tigerlotus sind bekannte Aquarienpflanzen mit Knollen. *Crinum*-Arten besitzen wie die heimischen Tulpen eine Zwiebel.

Schwimmblatt

Seerosen sind zum Beispiel typische Pflanzen mit Schwimmblättern. Für das Aquarium sind Pflanzenarten, die Schwimmblätter besitzen, allerdings ungeeignet, da sie andere Pflanzen zu stark abschattieren.

Rund um das richtige Pflanzenwasser

Wasserpflanzen erfüllen eine ganze Reihe von Funktionen in einem Aquarium:

› Sie produzieren den lebensnotwendigen Sauerstoff, der durch den Vorgang der Photosynthese gebildet wird und für das biologische Gleichgewicht im Unterwasser-Garten sorgt.

› Sie bauen Schadstoffe wie Ammonium, Nitrat und Phosphat ab.

› Sie verdrängen Algen, indem sie ihnen ihre Nährstoffe streitig machen.

› Sie bieten Fischen viele Versteckmöglichkeiten und bilden Reviergrenzen.

Wasser- und Sumpfpflanzen besiedeln viele unterschiedliche Standorte wie etwa Seen, Flüsse und Tümpel.

Verschiedene Wassertypen

In der Natur wachsen die meisten tropischen und subtropischen Wasser- und Sumpfpflanzen in schadstoffarmem, salzarmem, weichem (pH-Wert 6,0 bis 7,0) und CO_2-haltigem Wasser. Eine Rolle spielen auch unterschiedliche Wasserbewegungen, Strömungsverhältnisse und verschiedene Nährstoffzusammensetzungen.

Die Lebensräume der Wasser- und Sumpfpflanzen sind vielfältig und reichen von sumpfigen Überschwemmungsgebieten über Tümpel, Seen bis zu Bächen und Flüssen. Viele Pflanzen haben sich den Bedingungen periodisch austrocknender Gewässer angepasst. Sie überdauern die Trockenphasen als Knolle oder Zwiebel, während ihre submersen Blätter vertrocknen. *Aponogeton*- und *Crinum*-Arten sind zum Beispiel Vertreter dieser Überlebenskünstler. Wasserpflanzen wachsen an ihren natürlichen Standorten meist in kleinen oder größeren Gruppen. An dieser Stelle qillt fast immer nährstoff- und CO_2-reiches Wasser aus dem Boden. Der Boden ist meist feinkörnig, dicht und humusreich.

Die Wasserqualität ist entscheidend

Ein Blick in die natürlichen tropischen Wasserpflanzenbiotope gibt Auskunft über die Wasserqualität, die Sie auch in Ihrem Aquarium anstreben müssen, damit sich die Pflanzen wohlfühlen und prächtig gedeihen – und die Fische vital bleiben.

1 KARSTQUELLTOPF Auf der Schwäbischen Alb findet man dieses klare, harte Wasser. Bestimmte Wasserpflanzen haben sich diesem Standort angepasst.

2 GEWÄSSER IM PFÄLZER WALD Gewässer in Buntsandsteingebieten wie etwa dem Pfälzer Wald besitzen geringe Härtegrade. Das Wasser wird als weich bezeichnet.

3 SRI LANKA Dieses tropische Gewässer ist die Heimat einer Wasserährenart und von *Ericaulon*. Der Bodengrund ist lehmig und nährstoffreich.

Leitungswasser Unser Leitungswasser enthält Salze und Gase, die es aus dem Boden und aus der Luft entnimmt. Je nach Bodentyp ist das Wasser mit verschiedenen Salzgehalten angereichert, die in Härtegraden gemessen werden. Leitungswasser aus Gebieten mit Kalk wie etwa der Schwäbischen Alb, aus Gips- und Dolomitgesteinen ist hart bis sehr hart. Wasser aus Gegenden des Urgesteins dagegen weich bis sehr weich, wie das Wasser aus dem Pfälzer Wald mit Buntsandstein.

pH-Wert Der pH-Wert ist ein wichtiger Faktor für ein prächtiges Wachstum und gesunde Fische. Er wird in einer Skala von 0 bis 14 angegeben. Wasser mit einem pH-Wert von 7 ist neutral: Säuren und alkalische Stoffe befinden sich im Gleichgewicht; pH-Werte unter 7 bezeichnet man als saures Wasser, pH-Werte über 7 als basisches oder alkalisches Wasser. Die pH-Skala ist aber eine logarithmische Skala. Der Unterschied zwischen 6,5 und 7,5 ist zwar nur 1,0, bedeutet aber das Zehnfache. Dies muss man bei pH-Wert-Schwankungen beachten. Viele Pflanzenarten sind relativ anpassungsfähig und gedeihen auch in härterem Wasser noch recht gut. Die meisten tropischen Zierfische reagieren da empfindlicher und benötigen weicheres Wasser. Ein pH-Wert zwischen 6,4 und 6,9 entspricht den Naturwerten für Fische und Pflanzen und ist ideal für einen prächtigen Unterwasser-Garten.

Wasserhärte Die Härte des Wassers hängt vom Gehalt an Kalzium- und Magnesiumverbindungen ab. Kalzium ist nicht nur für den Knochenaufbau der Fische wichtig, sondern auch für die Pflanzen. Der Gehalt aller Kalzium- und Magnesiumverbindungen wird als Gesamthärte (GH) bezeichnet und in Grad deutscher Härte (°dH) angegeben. In der Aquaristik ist vor allem die Karbonathärte, die in der Gesamthärte enthalten ist, wichtig. Ihr Wert entsteht aus Verbindungen von Kalzium und Magnesium mit Kohlensäure. Die Karbonathärte hat eine wichtige Pufferfunktion im Aquarium.

Wassertest Karbonathärte, pH-Wert und CO_2-Gehalt sind drei wichtige Parameter für einen gut funktionierenden Unterwasser-Garten mit Fischen. Tauchtests aus dem Fachhandel erlauben ein problemloses Messen. Diese Werte sollten Sie vor und nach dem Wasserwechsel messen (→ Seite 47).

Die Vermehrung von Wasserpflanzen

Bei der Pflanzenvermehrung wird zwischen der generativen (geschlechtlichen) und der vegetativen (ungeschlechtlichen) unterschieden. In der gärtnerischen Produktion von Aquarienpflanzen spielt die geschlechtliche Vermehrung über Samen keine Rolle. Lediglich bei Züchtungen wie etwa neuen Schwertpflanzensorten ist diese Methode verbreitet. In der Regel werden alle Aquarienpflanzen vegetativ produziert. Dabei verwendet man bestimmte Vermehrungsorgane, wie zum Beispiel Brutzwiebeln und Brutknollen bei der Hakenlilie *(Crinum)* und der Tigerlotus *(Nymphaea)* oder Brut- bzw. Adventivpflanzen an den Blütentrieben der Schwertpflanzen *(Echinodorus)*. Wie auch am Naturstandort bilden die über Wasser wachsenden Schwertpflanzen Blütentriebe mit unzähligen Einzelblüten. Nach dem »Verwelken« entsteht eine neue Jungpflanze, die dann geerntet wird.

1 Eine Jungpflanze am Blütentrieb einer *Echinodorus*. Der Steckling kann geerntet werden und zu einer neuen, prächtigen Pflanze heranwachsen.

2 Große Pflanzenbestände von der recht pflegeleichten und gutwüchsigen Schwertpflanze *Echinodorus bleherae* auf einer Tropenfarm in Sri Lanka.

Die Stecklingsvermehrung

Diese Art der Vermehrung ist bei vielen Stängelpflanzenarten wie beispielsweise beim Wasserfreund *(Hygrophila)* oder beim Papageienblatt *(Alternanthera)* weit verbreitet. Meist wird die Triebspitze als sogenannter Kopfsteckling geschnitten und dann neu bewurzelt. Bei einigen Arten ist es auch möglich, den Stängel in verschiedene Teilstücke zu zerschneiden und dann zu bewurzeln.

Die Vermehrung durch Rhizome

Eine weitere Vermehrungsmethode ist das Teilen eines Wurzelstocks bzw. das Schneiden eines Rhizoms. Ein Rhizom ist ein verdickter Stängel, der kriechend am Boden wächst. Typische Pflanzen mit Rhizomen sind die Speerblätter *(Anubias)*. Das Rhizom wird mit einem scharfen Messer in mehrere kleine Stückchen geschnitten, die dann nach einigen Wochen mit kleinen Blättchen austreiben.

Pflanzen aus dem Labor

Die modernste Vermehrung ist die sogenannte Gewebe- oder auch Meristem-Kultur. Einer einzigen, gesunden Ausgangspflanze wird ein geeignetes Pflanzengewebe bzw. Wachstumsgewebe entnommen, das dann auf ein steriles Nährmedium übertragen wird. Dies geschieht im Labor mit Kunstlicht unter sehr sterilen Bedingungen. Hier wächst das Gewebestück durch Zellteilung heran und entwickelt sich zur Jungpflanze. Gerade bei den Wasserkelchen *(Cryptocoryne)* hat diese Vermehrungsart zum aktiven Naturschutz beigetragen.

Die Überwasserproduktion (emers)

In Europa werden Aquarienpflanzen zum größten Teil über Wasser kultiviert. Die meisten Aquarienpflanzen sind Sumpfpflanzengewächse, die in der Natur unter Wasser (submers) oder auch über Wasser (emers) wachsen. Die emerse Produktion bietet viele Vorteile gegenüber einer Unterwasserkultur. Die Pflanzen wachsen deutlich schneller und können besser ernährt werden. Dieses Nährstoffdepot erleichtert die Umstellungsphase im Aquarium von der emersen zur submersen Lebensweise. Außerdem ist eine Überwasserpflanze noch nicht an spezielle Wasserwerte angepasst und kann sich leichter an neue Wasserwerte gewöhnen. Da die Heimat der meisten Pflanzen die Tropen und Subtropen sind, müssen diese Verhältnisse in den Gärtnereien simuliert werden. Für eine erfolgreiche Produktion sind hohe Temperaturen, eine hohe Luftfeuchtigkeit und künstliche Beleuchtung, um die Wintertage zu verlängern, zwingend notwendig.

Die Unterwasserproduktion (submers)

Die meisten »echten« Wasserpflanzen können nur unter Wasser produziert werden. Unter Freilandbedingungen werden viele Arten in den Tropen direkt kultiviert. Typische Vertreter dieser Gruppe sind etwa Haarnixe *(Cabomba)* oder Wasserschrauben *(Vallisneria)*. Haben die Pflanzen unter Wasser die richtige Länge erreicht, werden sie geerntet und als geschnittene Ware nach Europa versendet.

Augen auf beim **Pflanzenkauf**

TIPPS VOM PFLANZEN-EXPERTEN
Stefan Hummel

WUCHSFORM Achten Sie auf eine kompakte Wuchsform mit vielen gleichmäßig großen Blättern. Bei Stängelpflanzen sollte der Abstand der Blattpaare kurz aufeinanderfolgen. Keine Pflanzen mit vergilbten, beschädigten Blättern kaufen.

EMERS Die meisten Aquarienpflanzen werden in der Überwasserform (emers) angeboten. Informieren Sie sich über das Wuchsverhalten unter Wasser. Qualitätspflanzen haben stets ein Pflanzenetikett mit der Abbildung der Pflanze unter Wasser und den Pflegebedingungen.

SUBMERS Unter Wasser kultivierte Pflanzen sollten frischgrün aussehen, farbige Sorten intensiv gefärbt sein.

WURZEL Kultivierte Qualitätspflanzen im Topf sind kräftig bewurzelt mit sichtbar aus dem Topf herausgewachsenen, meist weißen Wurzeln.

UMSTELLUNGSPHASE Emerse Pflanzen müssen sich auf die Lebensweise unter Wasser einstellen. Bei Qualitätspflanzen erscheinen bereits nach wenigen Tagen erste Unterwasserblätter.

Der Unterwasser-Garten

Jedes Aquarium ist ein biologisches System, dessen einzelne Faktoren wie etwa die Wasserqualität und die richtige Beleuchtung untrennbar miteinander verbunden sind. Sie bilden die Grundlage für ein üppiges und gesundes Wachstum der Pflanzen und das Wohlbefinden der tierischen Bewohner.

Aufbau eines Pflanzenaquariums

Am Anfang steht immer die Entscheidung: Wie soll mein Aquarium aussehen? Will ich nur Pflanzen oder auch Fische, Garnelen und Schnecken pflegen? Soll das Aquarium groß oder besser klein sein? Welche Form soll es haben? Will ich ein offenes Aquarium oder lieber eines mit Abdeckung, welches den Vorteil hat, dass keine Fische herausspringen können und die Wasserverdunstung niedriger gehalten werden kann?

Größe und Form des Aquariums

Die bekannteste und meistverbreitete Form eines Aquariums ist das Rechteck, wie zum Beispiel ein 100 cm langes Aquarium, 40 cm breit und 50 cm hoch. Für die Gestaltung eines prächtigen Unterwasser-Gartens ist allerdings eine Breite von 50 oder sogar 60 cm besser, um eine räumliche Tiefenwirkung zu erzielen. Weitere Aquarienformen können auch Quadrate sein, wie beispielsweise die mittlerweile sehr beliebten Nano Cubes. Es sind Miniaturbecken mit 20 bis 40 cm Kantenlänge für kleinste Unterwasser-Gärten. Man kann sich im Fachhandel aber auch ein Aquarium auf individuelle Maße anfertigen lassen. Eine individuelle Lösung sind etwa Eckaquarien mit meist gebogener Frontscheibe. Die Gestaltung einer Unterwasserlandschaft ist bei diesem Modell jedoch etwas eingeschränkt, da solch ein Aquarium eine zweiseitige Rückfront hat. Die Fülle der angebotenen Formen ist enorm, ebenso das Design der passenden Unterschränke. Neue Wohntrends werden mittlerweile auch im Aquarienbau berücksichtigt, denn Aquarien sollen sich harmonisch in die Wohnungsgestaltung integrieren. Ob klassisch zeitlos in verschiedenen Holztönen, edel mit Stahl bzw. Aluminium oder bunt – fast alles wird geboten.

Offene Aquarien

Aquarien ohne Abdeckung können stärker beleuchtet werden als solche mit Abdeckung. Das bedeutet, dass die Pflanzen über den Wasserspiegel hinauswachsen können und vielleicht sogar Blüten bilden. Für den Pflanzenliebhaber sind offene Aquarien natürlich besonders interessant, da er seine Pfleglinge wie zum Beispiel Schwertpflanze, Papageienblatt und Wasserfreund sowohl unter als auch über Wasser beobachten kann.
Ein Nachteil offener Aquarien ist aber zweifelsohne das störende Blendlicht, denn die Lampen müssen deutlich höher über dem Aquarium aufgehängt werden. Und natürlich können Fische jederzeit über den Aquarienrand hinausspringen.

Der richtige Aquarienstandort

Bei sehr großen Aquarien spielt das Gewicht eine Hauptrolle bei der Standortplanung. Schon ein größeres Becken mit 100 Litern wiegt etwa 150 Kilogramm! Achten Sie auch darauf, dass das Aquarium nicht direkter Sonneneinstrahlung ausgesetzt ist. Das fördert die Algenbildung und lässt die Wassertemperatur steigen (→ Tipp, Seite 20).
Bestens geeignet ist dagegen eine dunklere Wand oder eine Ecke im Raum, möglichst nicht in der Nähe des Fernsehers. Meiden Sie auch einen Standort zu nahe an Türen und Treppen, denn die tierischen Bewohner des Aquariums sind empfindlich und fühlen sich durch unsere Laufbewegungen permanent gestört.
Ideal ist ein ruhiger Platz im Wohnraum, vielleicht mit einer bequemen Sitzgelegenheit und Blick auf die faszinierende Unterwasserlandschaft. Das bietet den Aquarienbewohnern die nötige Ruhe und uns Entspannung pur. Tägliche Wellness in den eigenen vier Wänden – was will man mehr ...

Eine Unterwasserlandschaft kann das Schmuckstück im Wohnbereich sein. Es bringt Ruhe und Entspannung für jeden Betrachter.

Optimale **Beleuchtung**

BELEUCHTUNGSDAUER Ein Pflanzenaquarium sollte 10 bis 12 Stunden täglich beleuchtet werden. Das entspricht einem Tropentag am Äquator.

MITTAGSPAUSE Gönnen Sie Ihren Pflanzen eine Mittagspause. Die Pause unterstützt das Wachstum der Pflanzen. Beispiel:
9 bis 14 Uhr 1. Lichtphase, 5 Stunden
14 bis 16 Uhr Mittagspause, 2 Stunden
16 bis 22 Uhr 2. Lichtphase, 6 Stunden

EINFAHRPHASE Nach einer Erstbepflanzung (Neueinrichtung) sollte das Aquarium nicht voll beleuchtet werden, da die Pflanzen das volle Licht noch nicht nutzen können. Erst in der vierten Woche wird das Aquarium voll beleuchtet.

Technik ist unentbehrlich

Ohne Technik funktioniert kein Aquarium, sei es um die notwendigen Lichtverhältnisse herzustellen oder die Wasserqualität zu gewährleisten.

Die Beleuchtung

Die richtige Beleuchtung ist sowohl für das Gedeihen der Pflanzen als auch für die tierischen Bewohner des Aquariums elementar wichtig.

Leuchtmittel Im Handel gibt es verschiedene Leuchtmittel für Süßwasser- und Meerwasseraquarien. Halogenmetalldampf-Entladungslampen, auch HQI-Lampen genannt, werden in der Regel für Meerwasseraquarien mit hohen Lichtansprüchen verwendet. HQL- oder Quecksilberdampflampen eignen sich besonders für offene Pflanzenaquarien. Am häufigsten werden jedoch Leuchtstoffröhren in allen Größen verwendet. Die klassischen T8-Röhren haben mittlerweile starke Konkurrenz von den moderneren T5-Röhren bekommen. Die Bezeichnung T8 und T5 bezieht sich auf den Durchmesser der Röhre. Die neuen T5-Röhren können bei gleichem Stromverbrauch heller beleuchten als T8-Röhren.

Lichtspektrum und Farbtemperatur Der wichtigste Faktor bei der richtigen Beleuchtung ist das Lichtspektrum. Derzeit ist jedoch die neue LED-Technologie noch nicht genug ausgereift, um ein gutes Pflanzenwachstum zu erreichen. Wasserpflanzen und Algen benötigen beide Licht und konkurrieren deshalb miteinander. Algen lieben blaues Licht und UV-Strahlung. Für das Pflanzenwachstum sind spezielle Leuchtstoffröhren mit reduziertem Blauanteil ideal. Die Farbtemperatur ist das Maß für den Farbcharakter einer Lichtquelle und wird in Kelvin gemessen. Ein Beispiel: 3000 Kelvin bedeuten warmweißes Licht wie etwa kurz nach dem Sonnenaufgang. 6000 Kelvin entsprechen den Werten eines Sommertags um die Mittagszeit. Kombinationen verschiedener Farbtemperaturen sind möglich.

Die richtige Beleuchtung lässt nicht nur die Pflanzen prächtig wachsen, sondern auch die tierischen Bewohner in herrlichen Farben »erstrahlen«.

Der Filter

Das Herzstück jedes Aquariums ist der Filter mit seinen wichtigen Aufgaben der Wasserklärung und des biologischen Abbaus von Schadstoffen. Doch zunächst einmal ein Blick in die Natur, die wir ja als kleine Einheit mit unserem Aquarium nachbilden wollen. Nur wenn Sie die biologischen Zusammenhänge kennen und beachten, wird eine Pflanzenlandschaft erfolgreich funktionieren.

Vorbild Natur In der Natur wird das Wasser ständig langsam gefiltert und erneuert. Es sickert durch verschiedene Gesteins- und Erdschichten. Die Kies- und Sandschicht des Bodengrunds der Gewässer ist mit unzähligen Mikroorganismen besiedelt. Diese wirken wie ein riesiger Filter. Die Ausscheidungsprodukte der Fische werden durch Bakterien biologisch abgebaut. Verschiedene Mikroorganismen zersetzen und remineralisieren abgestorbene Pflanzenteile. An Stellen mit ruhiger Wasserbewegung setzen sich Trübstoffe ab. Bei natürlichen Gewässern findet also eine ständige mechanische und auch biologische Selbstreinigung statt.

Biologischer Schadstoffabbau Im Aquarium gelten die gleichen Gesetzmäßigkeiten wie in einem natürlichen Gewässer, nur in einem viel kleineren Maßstab. Somit ist die Filteranlage der wichtigste Baustein für ein funktionierendes Aquarium. Die Aufgabe des Filters besteht nicht nur in der Wasserklärung, sondern vor allem in der biologischen Aufbereitung und »Entgiftung« des Wassers. Der wich-

Platzsparender Innenfilter in einer Dreiecksform für die Rückwandecken.

Hochporöses Filtermaterial ist für den biologischen Schadstoffabbau im Filtersystem wichtig.

tige biologische Schadstoffabbau wird von Filterbakterien erledigt. Es gibt verschiedene Bakterienarten mit verschiedenen »Vorlieben«. Einige bauen zum Beispiel giftiges Nitrit ab, andere ernähren sich von organischen Trübstoffen oder zersetzen abgestorbene Pflanzenteile.

Innen- und Außenfilter

Grundsätzlich wird bei Aquarienfiltern zwischen Innenfilter und Außenfilter unterschieden. Der Innenfilter ist innerhalb des Aquariums angebracht und wird meist für kleinere Becken oder als Zusatzfilter bei großen Aquarien verwendet. Der wesentlich effektivere Filter ist der Außenfilter. Grundsätzlich sollte die Filterleistung immer etwas größer als zu knapp bemessen werden, denn eine gute Wasserqualität ist besonders wichtig. Die heutigen modernen Außenfilter sind leicht zu warten und sollten das Wasservolumen mindestens 1- bis 1,5-mal in der Stunde umwälzen.

Filtermaterial Grundlage jeder guten Filterung ist die Reihenfolge der verschiedenen Filtermaterialien. In der ersten Filterstufe werden gröbere Schmutzpartikel wie abgestorbene Pflanzenteile, Fischkot und Mulm entfernt. Der biologische Schadstoffabbau, also die »Entgiftung« des Wassers, findet in der zweiten Filterstufe statt, der sogenannten Hauptfilterung. Das Filtermaterial muss hochporös sein, damit alle schadstoffabbauenden Filterbakterien ideale Lebensbedingungen vorfinden. Bei der letzten Filterstufe werden feinste Trübstoffe aus dem Wasser entfernt.

Reinigung Grundsätzlich sollte das Vorfilter- und Nachfiltermaterial so oft wie möglich gereinigt werden – das Hauptfiltermaterial dagegen so selten wie möglich. Eine zu häufige Reinigung führt zu Verlusten der empfindlichen Bakterien.

Vorbild Natur: Der Bodengrund eines Gewässers ist mit vielen Mikroorganismen besiedelt, die wie ein riesiger Filter wirken.

Die Wärmesteuerung

Die meisten Aquarienfische und -pflanzen sind in den Tropen zu Hause. Sie brauchen eine durchschnittliche Wassertemperatur von 22 bis 26 °C – 24 °C ist für die meisten Pflanzen und Fische im Aquarium optimal. Wird die Pflegetemperatur jedoch deutlich höher, wie etwa bei Diskusfischen, die eine Temperatur um 30 °C benötigen, leidet das Pflanzenwachstum auf Dauer.

Stab- und Regelheizer Sie haben in der Regel ein integriertes Thermostat zum An- und Abschalten, um die Wassererwärmung zu regulieren. Nach der manuellen Einstellung der entsprechenden Temperatur arbeitet der Heizer selbstständig, ohne dass Eingriffe nötig sind. Der Heizstab sollte im Aquarien-Hintergrund versteckt werden, damit die Unterwasserlandschaft nichts von ihrer natürlichen Gestaltung verliert. Es gibt auch die Möglichkeit,

Kühle Temperatur an heißen Tagen

TIPPS VOM PFLANZEN-EXPERTEN
Stefan Hummel

HITZEREGEL 1 Öffnen Sie die Aquarien-Abdeckung. Durch die Verdunstungskälte kann eine Temperaturabsenkung von bis zu 1,5 °C erreicht werden. Verdunstete Wassermenge durch kaltes destilliertes Wasser ersetzen. Bei kleineren Aquarien destilliertes Wasser in kleinen Kunststoff-Bechern einfrieren und als »Eisberg« zum Kühlen des Wassers einsetzen.

HITZEREGEL 2 Reduzieren Sie die Beleuchtungsdauer. Die Leuchtmittel strahlen eine enorme Menge an Wärme aus. Reduziert man die Dauer der Beleuchtung von 10 auf 7 Stunden pro Tag, ist die Hitzezufuhr schon um 30 % gesenkt. An besonders heißen Tagen sollte die Beleuchtung komplett ausgeschaltet werden. So wird ein Tag mit starken Gewitterwolken simuliert, was den Pflanzen und Fischen nicht schadet.

HITZEREGEL 3 Blasen Sie die Wasseroberfläche mit einem Ventilator an. Durch den Ventilator entsteht ein stetiger Wind an der Wasseroberfläche, der das Wasser bis zu 3 °C abkühlen kann. Diese aktive Verdunstungskälte ist sehr effektiv.

den Heizstab in das Filtersystem zu integrieren. Dabei wird das Wasser schon im Filter erwärmt und gelangt so mit optimaler Temperatur durch den Filterausströmer in das Aquarium.

Bodenheizung Neben der eigentlichen Wasserheizung hat sich eine zusätzliche Bodenheizung bestens bewährt. Es sind leicht biegbare, silikonummantelte Heizkabel, die am Glasboden verlegt werden. Eine Bodenheizung bietet viele Vorteile für das Pflanzenwachstum. Aquarienpflanzen lieben einen naturwarmen Bodengrund. Durch das schwach warm werdende Heizkabel erreicht man eine Zirkulation des Wassers im Aquarienbodengrund. Es enstehen regelrechte Wärmezonen, und ein leichter Wassersog durch die Temperaturunterschiede transportiert die lebensnotwendigen Nährstoffe zu den Wurzeln. Durch die stetig leichte Bodengrundströmung wird der Bodengrund in einem Aquarium zu einem biologischen Filter.

Elektronische Regelung Für ein prächtiges Pflanzenwachstum ist eine elektronische Regelung der Wasserheizung empfehlenswert. Die Steuerung übernimmt ein sogenanntes Zweikreis-Thermostat. Dieses Gerät bevorzugt immer die Bodenheizung. Ist die Solltemperatur von zum Beispiel 25 °C erreicht, wird die Wasserheizung ausgeschaltet, und es ist nur noch die Bodenheizung aktiv. Reicht die Leistung der Bodenheizung nicht aus, um die Temperatur zu halten, wird die Wasserheizung dazugeschaltet. Steigt die Temperatur über den Sollwert, wird auch die Bodenheizung ausgeschaltet.

Nachts kühler Das Optimum ist eine Nachtabsenkung von 1 bis 3 °C. So erreicht man einen Temperaturverlauf, wie ihn tropische Fische und Pflanzen von ihrem natürlichen Lebensraum her gewohnt sind. Das fördert die Vitalität und Laichbereitschaft der Fische und stimuliert den Pflanzenwuchs.

Bodengrund und Dekoration

Der Bodengrund an Naturstandorten von Wasserpflanzen wie etwa den Wasserkelchen in Südostasien oder den Schwertpflanzen in Südamerika ist durchweg sehr feinkörnig und humusreich.

Der richtige Bodengrund Es gibt im Handel bereits fertige Bodengrundmischungen mit entsprechendem Nährstoffangebot für Ihre Aquarienpflanzen. Ein optimaler Bodengrund besteht aus Quarzsand, huminreichem Torf, Tonmineralien für den Nährstoffhaushalt und weiteren Spurenelementen für die Pflanzenernährung. Die Schichthöhe des Bodengrundes sollte mindestens 2 bis 3 cm betragen, je mehr, desto besser. Schichthöhen bis 5 cm fördern bei einigen Pflanzen deutlich die Wuchskraft. So reagieren zum Beispiel die Wasserkelcharten sehr positiv auf eine dickere Schicht.

Kies Auch der Aquarienkies, als weitere Schicht über dem Bodengrund, erfüllt eine wichtige Funktion. Er muss auf jeden Fall kalk- bzw. härtefrei sein und eine Korngröße von 1 bis 2 mm haben. Bestens bewährt hat sich gerundeter Quarzkies, damit sich am Boden lebende Fische wie etwa Panzerwelse nicht verletzen können. Die richtige Korngröße ist wichtig für die langsame Wasserzirkulation im Bodenbereich, sodass der Bodengrund nach der Einfahrphase zu einem großen biologischen Filter wird. Die Kieshöhe ist natürlich auch von der Aquariengröße abhängig. In der Regel sind 4 bis 8 cm empfehlenswert. Die meisten Fische fühlen sich über dunklerem Bodengrund wohler, obwohl Quarzkies mittlerweile in vielen Farben erhältlich ist. Auch eine Kombination von verschiedenen Kiesfarben kann in einer Unterwasserlandschaft sehr hübsch aussehen.

»Japanischer Bodengrund« Inzwischen gibt es spezielle Nährböden, die aus natürlichen Erden hergestellt werden. Dieses Granulat ist in verschiedenen Körnungen erhältlich und wird meist nur in einer einzigen Schicht auf den Aquarienboden aufgebracht. Es hat einen pH-Wert-senkenden Effekt und ist daher eher für den fortgeschrittenen Pflanzenspezialisten zu empfehlen. Bei diesem Bodengrund sollten keine Bodenfische eingesetzt werden, die stark wühlen, das Granulat aufwirbeln und so eine Wassertrübung verursachen.

Dekomaterialien

Pflanzen allein wirken schon schön, aber erst die Gestaltung mit Steinen, Hölzern und Wurzeln ergibt einen naturnahen Eindruck. Hier kann jeder seiner

Geeigneter Bodengrund für Ihr Aquarium ist im Zoofachhandel erhältlich. Zimmerpflanzenerde dürfen Sie keinesfalls verwenden.

Fantasie freien Lauf lassen. Natursteine müssen kalkfrei sein. Es sollte möglichst nur eine Steinsorte verwendet und in verschiedenen Größen angeordnet werden. Ein größerer, dominierender Stein mit einigen kleineren als Gruppe wirkt besonders harmonisch. Steine immer ein wenig in den Kies einsenken. Quarzkiesel, Lavasteine und Basaltsteine sind beliebte Dekosteine. Die Auswahl exotischer Steine im Fachhandel erlaubt weitere tolle Gestaltungsmöglichkeiten. Beliebt als Dekoration sind auch Hölzer und Wurzeln. Einige Pflanzen wachsen auf Wurzeln besonders prächtig, wie der Javafarn oder auch das Speerblatt. Wurzelholz darf unter Wasser nicht faulen oder unverträgliche Stoffe abgeben. Einige Hölzer färben leicht. Hier empfiehlt sich ein vorheriges Auskochen der Wurzel.

1 DEKOSTEIN Dieses Gestaltungselement wird der Hauptblickpunkt im Aquarium. Der Kies ist im Hintergrund stärker aufgefüllt, und die Steingruppierung wird nach hinten aufsteigend platziert. Bei großen und schweren Steinen ist eine Styropor- oder PVC-Platte als Unterlage sinnvoll, um den direkten Kontakt zur Bodenscheibe zu vermeiden. Die Steine stets in den Kies einsenken.

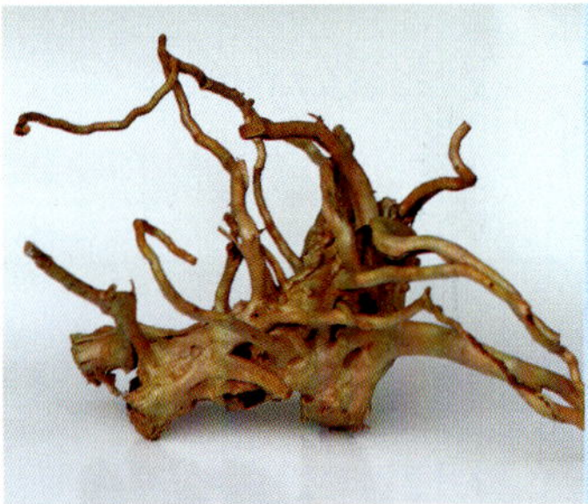

2 WURZELHOLZ Sehr beliebt als Deko ist das tropische Mangroven-Holz. Auch bestimmte Welsarten lieben dieses Holz zum »Abweiden«. In den ersten Wochen oder Monaten ist eine leichte Einfärbung des Wassers möglich, da das Holz Huminsäuren ins Wasser abgibt – für Aamazonasaquarien ideal. Zum Gestalten filigraner Landschaften sind rote Moorwurzeln bestens geeignet.

3 KÜNSTLICHE DEKOMATERIALIEN Täuschend echt aussehende Steine, Wurzeln und andere Deko-Gegenstände aus wasserneutralem Kunstharz werden in der Aquaristik immer beliebter. Künstliche Dekor-Wurzeln färben nicht und können ebenso mit Aufsitzerpflanzen bepflanzt werden wie »echte« Wurzeln oder Steine. Auch das Aufbinden von Moosen ist möglich.

Aquarienpflanzen im Porträt

In den nachfolgenden Porträts beschreibe ich 30 besonders pflegeleichte und anspruchslose Pflanzen. Neben vielen »Klassikern« sind auch einige Neuheiten vorgestellt, die weitere Gestaltungsmöglichkeiten bieten. So wächst beispielsweise die Vielfalt der angebotenen Moose von Jahr zu Jahr, was mit Sicherheit auf die steigende Beliebtheit der Zwerggarnelen zurückzuführen ist. Garnelen lieben Moose. Sie dienen ihnen als Futter- und Tummelplatz. Neben den Moosen sind zurzeit kleinwüchsige Vordergrundpflanzen besonders gefragt. Mit diesen Pflanzen kann man auch in kleinsten Aquarien, den sogenannten Nano Cubes, wunderschöne Miniaturlandschaften gestalten.

Die richtige Kombination macht's

Die auf den folgenden Seiten vorgestellten Pflanzen haben eines gemeinsam: Sie sind auch für den Anfänger in der Aquaristik geeignet, und sie wachsen selbst bei verschiedenen Wasserwerten noch gut. Die meisten tropischen Pflanzen und Aquarienfische brauchen eine durchschnittliche Wassertemperatur von 22 bis 26 °C (→ Seite 19) und einen pH-Wert zwischen 6,4 und 6,9 (→ Seite 11). Die Spannweite des Härtegrads (°dH, → Seite 11) zeugt von der großen Anpassungsfähigkeit der Pflanzen. Einige Pflanzen wachsen langsamer, andere sind schnellwüchsig und benötigen ab und zu einen Rückschnitt. Manche Pflanzen wachsen auch im Schatten gut, andere dagegen brauchen viel Licht.

In einem gut funktionierenden Unterwasser-Garten dürfen schnellwüchsige Wasserpflanzen nicht fehlen, denn sie sind der ärgste Feind der Algen und gerade in der sensiblen Einfahrphase eines neu eingerichteten Aquariums extrem wichtig. Fische fühlen sich bei schnell wachsenden Pflanzen sehr wohl, da viel Sauerstoff produziert wird.

Viele Gestaltungsmöglichkeiten Durch die Kombination der beschriebenen Arten können Sie viele unterschiedliche Landschaften gestalten. Die Auswahl der Pflanzen ist nach Aquarien-Vordergrund, -Mittelgrund und -Hintergrund aufgeteilt. Im Vordergrund stehen kleinwüchsige, auch flach wachsende Arten, im Mittelgrund Pflanzen mit einer Wuchshöhe von 10 bis 30 cm und im Hintergrund größer wachsende Arten. Dabei ist der Verwendungszweck auch von der Aquariengröße abhängig. So kann eine Mittelgrundpflanze in einem großen Aquarium auch im Vordergrundbereich stehen.

Die kräftig rote Rubin-Ludwigie ist der Blickpunkt in dieser wunderschönen Unterwasserlandschaft.

Riccia fluitans

Teichlebermoos

Moose gehören zu den ältesten Pflanzen in der Evolution. Sie haben wurzelartige Haare, mit deren Hilfe sie sich auf Steinen und Wurzeln verankern können. Die Aquarienmoose lieben frisches und klares Wasser und erfreuen sich steigender Beliebtheit. Mit Moosen gelingt eine besonders natürliche Gestaltung einer naturnahen Landschaft. Es gibt mittlerweile eine große Vielfalt unterschiedlichster Moose im Fachhandel.

Aussehen Das flutende Teichlebermoos ist, wie der Name schon sagt, auch für den Gartenteich geeignet und wächst dort meist schwimmend im Uferbereich. Im Aquarium bildet es bis zu 5 cm hohe, attraktive, hellgrüne Pflanzenpolster. Das Moos wächst langsam bis mittelmäßig schnell.

Heimat *Riccia* ist weltweit verbreitet und wird daher auch als Kosmopolit bezeichnet. **Pflege** Wassertemperatur: 10–28 °C, optimal ist eine Temperatur von 22–26 °C; 1–20 °dH; pH 5–8; Beleuchtung: gering bis viel. Da die Pflanze eigentlich eine Schwimmpflanze ist, muss sie auf Steinen oder Wurzeln aufgebunden werden. Dies geschieht am besten mithilfe einer dünnen Angelschnur oder einem Haarnetz. Es bilden sich dann schöne, kompakte Moospolster für den Aquarien-Vordergrund. Das Teichlebermoos ist ein anspruchsloser Pflegling und wächst auch im Schattenbereich noch gut. Fischen bietet es ideale Ablaichplätze. Jungfische und Garnelen fühlen sich im Dickicht eines *Riccia*-Polsters besonders wohl. Auch an die Wasserwerte stellt das Teichlebermoos keine großen Ansprüche. Es wächst sowohl in weichem als auch härterem Wasser sehr gut. **Besonderheiten** Teichlebermoos-Polster sind sehr gute Sauerstoffproduzenten. Das können Sie täglich beobachten! Unzählige Sauerstoffbläschen sitzen auf dem Pflanzenpolster und schimmern wie kleine Perlen im Sonnenlicht. Ein Teppich aus Teichlebermoos ist besonders eindrucksvoll und wirkt sehr harmonisch. Wird das Teichlebermoos als Schwimmpflanze eingesetzt, dient es sogar als Nistmaterial für die Blasennester der Gurami-Fadenfische.

Rechtzeitiger **Rückschnitt**

Riccia-Polster alle sechs bis acht Wochen mit einer scharfen Schere zur Hälfte beschneiden. So bleiben sie besonders kompakt. Die abgeschnittenen Teile als weiteren »Nachwuchs« wiederum auf Stein oder Wurzel aufbinden.

Taxiphyllum spec.

Flammenmoos

Aussehen Das dunkelgrüne Moos wächst 5 bis 10 cm aufrecht mit verdrehten spiraligen Trieben. Dabei entsteht der Eindruck züngelnder Flammen. **Heimat** Südostasien. Erst seit wenigen Jahren im Handel, gehört es zu den interessantesten Aquarien-Moosen. **Pflege** Wassertemperatur: 16–28 °C; 4–20 °dH; pH 5,5–8; Beleuchtung: mittel. Flammenmoos ist wie die meisten Moose anspruchslos. **Besonderheiten** Eindrucksvoll wächst das Moos aufgebunden auf frei stehenden Wurzeln. Da es langsam wächst, eignet es sich gut für die Bepflanzung kleinerer Becken.

Riccardia chamedryfolia

Korallenmoos

Aussehen Korallenmoos ist sehr feingliedrig mit kleinsten Verästelungen der Triebspitzen. Es wirkt wie eine Miniaturkoralle. **Heimat** Südostasien. Die maximale Wuchshöhe von nur 2 cm erlaubt eine besonders flache Vordergrundbepflanzung **Pflege** Wassertemperatur: 16–28 °C; 1–30 °dH; pH 5–8; Beleuchtung: mittel bis viel. Ein Rückschnitt ist nicht nötig. **Besonderheiten** Das kräftig grüne Moos harmoniert gut zu hellgrünen Pflanzen wie dem Teichlebermoos, aber auch zu filigranen Arten wie *Rotala*. Besonders für Nano-Becken zu empfehlen.

Taxiphyllum barbieri

Javamoos

Aussehen Javamoos entwickelt sich zu lockeren, 3 bis 10 cm hohen, fein verästelten Pflanzenpolstern. **Heimat** Südostasien. **Pflege** Wassertemperatur: 16–28 °C; 1–30 °dH; pH 5–8; Beleuchtung: gering bis viel. Javamoos ist sehr anpassungsfähig und gedeiht in jedem Wasser. Die Wuchsgeschwindigkeit ist gegenüber anderen Moosen recht schnell. Javamoos kann – wie viele Moosarten – beschnitten werden. Auf diese Weise entstehen dichtere Moosteppiche. **Besonderheiten** Auch Garnelen lieben Javamoos-Polster und durchsuchen sie nach Mikroorganismen.

Anubias barteri var. *nana*

Zwergspeerblatt

Aussehen Die Blätter der Pflanze sind etwa 5 cm lang, hart und ledrig; die Wuchshöhe der gesamten Pflanze beträgt etwa 15 cm. **Heimat** Tropisches Afrika. **Pflege** Wassertemperatur: 20–30 °C; 1–30 °dH; pH 5–8; Beleuchtung: gering bis mittel. Pflanze mit Angelschnur auf Steinen oder Wurzeln aufbinden. Im Bodengrund wachsen die Pflanzen schlecht. Der Pflegeaufwand ist gering, da Zwergspeerblätter langsam wachsen. **Besonderheiten** Auf Holz aufgebunden wächst das Zwergspeerblatt optimal und lässt sich sogar zu einem »Miniaturbaum« mit einem Kronendach gestalten.

Aegagropila linnaei

Algenball

Aussehen Dunkelgrüne Kugeln aus Algenfäden; Durchmesser 3 bis 10 cm. **Heimat** Osteuropa und Ostasien. **Pflege** Wassertemperatur: 5–28 °C; 9–30 °dH; pH 6–8,5; Beleuchtung: gering bis mittel. Die Pflanzen werden auf dem Kies platziert oder zwischen Steinen und Wurzeln »eingeklemmt«. Bei starker Verschmutzung durch Mulm kann man die Bälle in klarem Wasser auswaschen und wieder einsetzen. **Besonderheiten** Eine Gruppe von 3 bis 5 Bällen in unterschiedlicher Größe wirkt sehr dekorativ. Bei Garnelen ist die Grünalge als Tummelplatz besonders beliebt.

Lilaeopsis brasiliensis

Brasilianische Graspflanze

Aussehen Grasartige, rasenbildende Pflanze. Sie wird nur 4 bis 7 cm hoch und bildet durch Seitensprosse nach und nach einen dichten Pflanzenteppich. **Heimat** Südamerika. **Pflege** Wassertemperatur: 16–26 °C; 1–20 °dH; pH 6–8; Beleuchtung: mittel bis viel. Die Pflanze stellt keine großen Ansprüche an die Wasserverhältnisse. *Lilaeopsis*-Rasen kann sogar geschnitten werden. Dadurch wird er noch dichter und kompakter. **Besonderheiten** Die Brasilianische Graspflanze wirkt zwischen schönen Deko-Steinen und Wurzeln besonders natürlich im Unterwasser-Garten.

Staurogyne repens
Kriechende Staurogyne

Aussehen Kompakte, buschige, 3 bis 10 cm hohe Pflanze mit kleinen, grünen Blättern. **Heimat** Die Staurogyne wurde erst vor wenigen Jahren in Brasilien für die Aquaristik entdeckt. **Pflege** Wassertemperatur: 20–28 °C; 4–30 °dH; pH 6–8; Beleuchtung: mittel bis viel. Um ein buschiges, verzweigtes Wachstum zu erreichen, Triebspitzen regelmäßig abschneiden. Bei guter Beleuchtung wachsen die Triebe kriechend am Bodengrund entlang. **Besonderheiten** Aufgrund des langsamen Wachstums eignet sich diese Neuheit gut für kleinere Becken.

Pogostemon helferi
Kleiner Wasserstern

Aussehen Eine der schönsten Neuheiten mit stark gewellten Blatträndern. **Heimat** Thailand. **Pflege** Wassertemperatur: 20–30 °C; 1–30 °dH; pH 6–7,5; Beleuchtung: mittel bis viel. Bei normaler Beleuchtung wächst die Pflanze locker, bei intensivem Licht kurz und kompakt. Es bilden sich dichte, 2 bis 10 cm hohe Teppiche, die sogar auf Steinen und Wurzeln weiterwachsen. Zur Vermehrung Seitensprosse mit einer Schere abschneiden und in den Kies einpflanzen. **Besonderheiten** Der langsam wachsende Wasserstern eignet sich gut für kleine Aquarien.

Hygrophila corymbosa 'Kompakt'
Kompakter Wasserfreund

Aussehen Die Pflanze bildet dichte, buschige Triebe mit eng beieinanderstehenden, etwa 5 cm langen, frischgrünen Blättern und wird etwa 5 bis 15 cm hoch. **Heimat** Asien. **Pflege** Wassertemperatur: 18–30 °C; 1–30 °dH; pH 5–8; Beleuchtung: mittel bis viel. Die Gruppenpflanze entwickelt sich problemlos in jedem Wasser und sollte, je nach Wuchshöhe, immer wieder etwas eingekürzt werden. **Besonderheiten** Der Kompakte Wasserfreund wächst deutlich langsamer als andere Arten aus der Gattung *Hygrophila* und ist deshalb als Vordergrundpflanze bestens geeignet.

Echinodorus 'Kleiner Bär'

Schwertpflanze 'Kleiner Bär'

Schwertpflanzen sind beliebte und in der Regel anspruchslose Aquarienpflanzen. Ihre Heimat ist der amerikanische Kontinent von USA bis Argentinien. Die meisten Arten wachsen in sumpfartigen Überschwemmungsgebieten oder im Uferbereich von Seen und Flüssen. Viele Schwertpflanzen werden groß und sollten in den Hintergrund von größeren Aquarien ab 80 bis 100 cm eingepflanzt werden. Dennoch gibt es auch einige Arten für kleinere Becken, die sich gut als Mittelgrundpflanze eignen. Neben den grasartigen Zwergschwertpflanzen für den Vordergrund gibt es einige Arten mit einer Wuchshöhe von 20 bis 30 cm. Vor allem die vielen farbigen Neuzüchtungen der letzten Jahre haben die Gestaltungsmöglichkeiten erheblich gesteigert. Besonders schön und sehr wuchsfreudig ist die Sorte 'Kleiner Bär'.

Aussehen 'Kleiner Bär' bildet als Überwasserpflanze grüne, eiförmige Blätter und wird auch so im Handel angeboten. Erst beim Aquarianer wachsen die Pflanzen unter Wasser und zeigen sich von ihrer schönsten Seite. Ausgewachsene Exemplare erreichen eine Wuchshöhe von 15 bis 25 cm und bilden einen dichten Busch mit zahlreichen Blättern.

Pflege Wassertemperatur: 16–30 °C, ideal ist eine Temperatur von 22–26 °C; 1–30 °dH; pH 5–8; Beleuchtung: mittel bis viel. Nach dem Einpflanzen treiben schon nach wenigen Tagen die ersten Unterwasserblätter. Das Farbenspiel beeindruckt von rostrot bis tief dunkelrot. Die älteren Blätter werden am Rand der Pflanzenrosette bräunlich bis olivgrün. In kleinen Becken ab 60 cm ist eine Pflanze zu empfehlen. Eine schöne Kombination ist etwa die rot gefärbte Schwertpflanze in einer Wiese mit der grünen Graspflanze *Lilaeopsis*. In größeren Becken kann man auch mehrere Pflanzen als Gruppe oder unregelmäßig in der Landschaft verteilt pflegen. Der Pflegeaufwand dieser Rosettenpflanze ist relativ gering. Lediglich ältere Blätter werden am äußeren Rand der Rosette entfernt.

Regelmäßiges **Düngen** ist wichtig

Schwertpflanzen haben einen erhöhten Nährstoffbedarf. Düngen Sie deshalb die Pflanzen regelmäßig mit speziellen Düngekugeln oder Tabs aus dem Fachhandel. Diese werden einfach direkt neben der Pflanze in den Kies eingedrückt.

Sagittaria pusilla

Kleines Pfeilkraut

Aussehen Pfeilkräuter und Schwertpflanzen sind botanisch gesehen sehr eng verwandt und gehören beide zur Familie der Froschlöffelgewächse. Der Name »Pfeilkraut« bezieht sich auf die pfeilartige Blattform über Wasser. Das kleine Pfeilkraut ist sehr zierlich und grazil. Mit seiner Wuchshöhe von 15 bis 25 cm ist es sehr gut im mittleren Pflanzbereich zu verwenden. **Heimat** Amerika. **Pflege** Wassertemperatur: 16–28 °C; 4–30 °dH; pH 6–8; Beleuchtung: gering bis viel. Sagittarien gelten als besonders pflegeleicht. Die Vermehrung erfolgt über Ausläufertriebe, und nach und nach entsteht eine regelrechte Graslandschaft. Die hellgrünen Blätter harmonieren sehr gut mit farbigen Schönheiten wie dem roten 'Kleinen Bär' oder mit anderen kräftig grünen Pflanzen. **Besonderheiten** Pfeilkräuter werden meist in der kompakten Überwasserform angeboten. Die langgestreckten Blätter erscheinen erst unter Wasser im Aquarium.

Cryptocoryne wendtii

Wendts Wasserkelch

Aussehen Wasserkelche bilden im Aquarium dichte Pflanzenpolster. Eine besonders anspruchslose und leicht zu pflegende Art ist der grüne Wasserkelch, *Cryptocoryne wendtii*. Mit einer Wuchshöhe von 5 bis 15 cm eignet er sich bei großen Aquarien sowohl als Vordergrund- als auch Mittelgrundpflanze. Neben der rein grünen Form gibt es noch einige andere Farbvarianten in verschiedenen Brauntönen. **Heimat** Sri Lanka. **Pflege** Wassertemperatur: 20–30 °C; 1–30 °dH; 5, pH 5–8; Beleuchtung: gering bis viel. Für ein gutes Wachstum genügt sogar ein Schattenplatz im Aquarium. *Cryptocoryne wendtii* ist sehr anpassungsfähig an verschiedene Wasserwerte und Temperaturen. Durch unterirdische Ausläufertriebe entsteht nach Monaten ein prächtiger Pflanzenbestand im Mittelgrundbereich. **Besonderheiten** Aufgrund ihres langsamen Wachstums sind kleinwüchsige Wasserkelche besonders gut für Nano-Becken geeignet.

Ludwigia × arcuata

Schmalblättrige Ludwigie

Aussehen Wunderschöne, rotbraun gefärbte Stängelpflanze mit schmalen Blättchen. Diese Pflanze ist eine Zuchtform aus zwei verschiedenen Ludwigienarten. Meist wird die Pflanze in der Überwasserform mit kleinen, grünen Blättern angeboten. Erst unter Wasser bilden sich die attraktiven farbigen Blätter. **Heimat** USA. **Pflege** Wassertemperatur: 20–28 °C, ideal 24–28 °C; 1–20 °dH; pH 5,5–8; Beleuchtung: mittel bis viel. Die Pflanze wächst relativ langsam bis zu einer Wuchshöhe von 30 bis 40 cm, kann aber problemlos mit einem Rückschnitt immer auf einer Höhe von 15 bis 25 cm gepflegt werden. Wie bei allen Stängelpflanzen ist eine Gruppenpflanzung mit vielen Stängeln zu empfehlen. **Besonderheiten** Bei guter Beleuchtung ist das Farbenspiel blutrot und bildet vor grünen Hintergrundpflanzen einen schönen Kontrast. Auch für ein Paludarium gut geeignet. Hier wächst die Pflanze aus dem Wasser heraus.

Vallisneria tortifolia

Gedrehtblättrige Vallisnerie

Aussehen Die Gedrehtblättrige Vallisnerie ist mit 15 bis 25 cm Wuchshöhe kürzer als andere Vallisnerien und daher schön als Blickfang im Mittelgrund verwendbar. Ihre steif aufrechte Wuchsform bietet eine dekorative Abwechslung zu anderen Wuchsformen. Besonders auffallend sind die gedrehten »Korkenzieher-Blätter«. **Heimat** Vallisnerien sind weltweit verbreitet und schon lange als beliebte Mittel- und Hintergrundpflanzen in der Aquaristik bekannt. **Pflege** Wassertemperatur: 20–28 °C; 1–20 °dH; pH 6–8,5; Beleuchtung: mittel bis viel. Vallisnerien vermehren sich über Ausläuferpflanzen, die am Kiesboden entlangwachsen und an mehreren Stellen neue Pflanzen bilden. So entsteht nach und nach ein dichter Bestand, der immer wieder ausgelichtet werden muss. **Besonderheiten** Vallisnerien vertragen härteres Wasser gut und sind deshalb bei Buntbarschhaltern, deren Pfleglinge aus den ostafrikanischen Seen stammen, sehr beliebt.

Bolbitis heudelotii

Kongo-Wasserfarn

Farne vermitteln uns einen urwüchsigen, natürlichen Eindruck. Farnpflanzen gab es schon vor 400 Millionen Jahren. Sie bildeten zusammen mit den Schachtelhalmen riesige Wälder. Die heutigen Steinkohlevorkommen sind aus diesen Wäldern entstanden. Weltweit gibt es etwa 12 000 Farnarten, die meist in tropischen Gebieten vorkommen. Einige wenige, wie der Kongo-Wasserfarn, haben sich an ein Leben am und unter Wasser angepasst. **Aussehen** Die Wuchsform der typischen Farnwedel des Kongo-Wasserfarns ist über und unter Wasser sehr ähnlich, jedoch sind die Unterwasserwedel deutlich transparenter und haben eine tief dunkelgrüne Farbe. Die Pflanze wächst in Flüssen mit schnell fließendem Wasser meist auf Steinen oder Wurzelholz. In der Aquaristik ist der Kongo-Wasserfarn schon lange als anspruchsloser Pflegling bekannt. **Heimat** Tropisches Afrika. **Pflege** Wassertemperatur: 20–28 °C; 1–15 °dH; pH 5–7, ideal pH 6–6,8; Beleuchtung: gering bis mittel. *Bolbitis* ist eine typische Schattenpflanze und sollte auch in der Unterwasserlandschaft entsprechend platziert werden. Wie bei allen Pflanzen wirkt sich eine CO_2-Düngung positiv aus (→ Seite 52). Ebenso liebt dieser Farn bewegtes Wasser. *Bolbitis*-Farne wachsen mit ihren Rhizomen kriechend auf Steinen und Wurzeln am besten. Im Bodengrund entwickeln sie sich eher schlecht. Sie sollten immer auf Steinen oder Wurzeln aufgebunden werden. Fertig bepflanzte Wurzeln gibt es inzwischen in guten Fachgeschäften zu kaufen. Der Kongo-Wasserfarn wächst sehr langsam, bildet aber 15 bis 40 cm hohe Wedel. Bei rechtzeitigem Entfernen großer Wedel kann er über lange Zeit im mittleren Bereich gepflegt werden. Lässt man ihm beim Wachsen freien Lauf, sollte er im hinteren Bereich seinen Platz finden. **Besonderheiten** In einem offenen Aquarium ist *Bolbitis*, auf einer Wurzel im Hintergrund platziert, ein Highlight: Der obere Teil wächst mit Farnwedeln über den Wasserspiegel hinaus, der untere Teil wächst mit den schönen, transparenten Wedeln im Wasser.

Bewegtes Wasser tut gut

An seinem afrikanischen Naturstandort wächst der Kongo-Wasserfarn meist an fließenden Gewässern. Pflanzen Sie den *Bolbitis* deshalb in der Nähe des Filterausströmers, denn hier entwickelt er sich durch die Wasserbewegung besonders gut.

INTENSIVE FÄRBUNG
Auch die Stängel des Roten Papageienblatts haben eine intensiv rote Farbe.

Alternanthera reineckii Rot

Rotes Papageienblatt

Rot- und braunblättrige Pflanzen sind in der Aquaristik sehr beliebt. Geschickt platziert harmonieren sie wunderbar mit den verschiedenen Grüntönen anderer Pflanzen. Allerdings sind farbige Pflanzen in der Regel lichthungrig und brauchen eine gute Beleuchtung. Daher ist es sinnvoll, die Auswahl der Pflanzen für den Unterwasser-Garten auch nach deren Lichtbedarf zu treffen. So kann eine Schattenpflanze in einem Aquarium mit starker Beleuchtung frei stehend nur schlecht wachsen, ebenso wie eine lichthungrige Pflanze im Schattenbereich meist kümmert. Grundsätzlich sollten farbige Pflanzen nicht im Schatten anderer Pflanzen stehen.
Aussehen Papageienblätter, mit einer Wuchshöhe von 25 bis 50 cm, sind Stängelpflanzen und haben rote Blätter. Sie gehören zu den farbenprächtigsten Aquarienpflanzen. Schon bei normaler Beleuchtung zeigen sich die intensiven Rottöne.
Heimat In seiner Heimat in Südamerika wächst das Papageienblatt in Überschwemmungsgebieten, an Flussufern und Teichrändern. Im Handel wird diese Pflanze meist in der Überwasserform angeboten, doch die Blätter zeigen bereits ihre rote Farbe. Nach einigen Wochen unter Wasser haben sich die Farben dann nochmals intensiviert. **Pflege** Wassertemperatur: 18–28 °C; 4–20 °dH; pH 5–8; Beleuchtung: mittel bis viel. Das Rote Papageienblatt ist im Vergleich zu anderen rotblättrigen Pflanzenarten recht pflegeleicht. Wie bei allen Stängelpflanzen werden mehrere Stängel nebeneinander in Reihen gepflanzt, um eine Gruppenwirkung zu erzielen. Pflanzen Sie die vorderen Stängel etwas kürzer zu den hinteren ein, sodass ein stufenförmiger Aufbau entsteht. Das wird ein herrlicher Blickfang in Ihrem Unterwasser-Garten. **Besonderheiten** Die Pflege des attraktiven Roten Papageienblatts stellt in der Regel auch Anfänger in der Aquaristik vor keine großen Probleme.

Hygrophila polysperma

Indischer Wasserfreund

Aussehen In der Überwasserform sind die rundlichen Blättchen der 25 bis 50 cm hohen Pflanze grün, unter Wasser färben sich die Triebspitzen gelblich-grün bis bräunlich. **Heimat** Indien. **Pflege** Wassertemperatur: 18–30 °C; 4–30 °dH; pH 5–8; Beleuchtung: gering bis viel. Wasserfreundarten gelten fast alle als sehr schnellwüchsig und müssen daher öfter eingekürzt werden. **Besonderheiten** Da die Pflanze schnell überschüssige Nährstoffe aufnehmen und recht viel Sauerstoff produzieren kann, ist sie für eine Neueinrichtung besonders zu empfehlen.

Echinodorus bleherae

Blehers Schwertpflanze

Aussehen Die Pflanze hat leuchtend grüne, schmal elliptische Blätter. **Heimat** Tropisches Südamerika. **Pflege** Wassertemperatur: 22–30 °C; 4–20 °dH; 5, pH 5–8; Beleuchtung: gering bis viel. Blehers Schwertpflanze wächst zügig. In wenigen Monaten entsteht ein dichter Busch. Bei guten Bedingungen kann die Wuchshöhe von »normalen« 50 cm sogar 80 cm erreichen! Ist das Wuchsverhalten eingeschränkt, muss zusätzlich mit Düngekugeln gedüngt werden. **Besonderheiten** Eine schöne Kombination: das Rote Papageienblatt mit der prächtigen Schwertpflanze.

Hydrocotyle leucocephala

Brasilianischer Wassernabel

Aussehen Die runden Blätter sitzen etagenförmig am Stängel. Die Triebe wachsen bis zur Wasseroberfläche und hier dann flutend weiter. Sie können eine dichte Schwimmpflanzendecke bilden. **Heimat** Südamerika. **Pflege** Wassertemperatur: 20–28 °C; 1–15 °dH; pH 6–8; Beleuchtung: mittel bis viel. Die schnell wachsende, 25 bis 50 cm hohe Pflanze gilt als sehr widerstandsfähig. **Besonderheiten** Am besten wächst der Brasilianische Wassernabel in sehr nährstoffhaltigem Wasser wie beispielsweise in Aquarien mit höherem Fischbesatz.

Limnophila sessiliflora

Blütenstielloser Sumpffreund

Aussehen Am Blattstängel sitzen fein geschlitzte Blattquirle, die sich bei guter Beleuchtung an der Triebspitze sogar leicht bräunlich verfärben. Die Pflanze wird etwa 25 bis 50 cm hoch. **Heimat** Südostasien. **Pflege** Wassertemperatur: 22–28 °C; 4–20 °dH; pH 5,5–8; Beleuchtung: mittel bis viel. *Limnophila sessiliflora* gehört zu den sehr schnell wachsenden Stängelpflanzen und muss öfter eingekürzt werden. **Besonderheiten** Überwasserpflanzen sind kleiner und kompakter als die Unterwasserform. In Kombination mit großblättrigen Arten wirkt die Pflanze am schönsten.

Ludwigia repens 'Rubin'

Rubin-Ludwigie

Aussehen Diese wunderschöne, 20 bis 50 cm hohe Ludwigie hat blutrote Stängel und Blätter. Sie ist erst seit einigen Jahren im Handel und gilt als besonders wuchsfreudig und farbintensiv. **Heimat** Mittelamerika. **Pflege** Wassertemperatur: 16–30 °C; 1–20 °dH; pH 5–8; Beleuchtung: mittel bis viel. Wird die Pflanze in kleineren Becken verwendet, muss man sie öfter einkürzen. In offenen Becken wachsen die Triebe problemlos aus dem Wasser heraus. **Besonderheiten** Wie alle roten Pflanzen sollte die Rubin-Ludwigie einen freien Platz ohne Schatten bekommen.

Vallisneria spiralis

Gewöhnliche Wasserschraube

Aussehen Mit ihren langen, bandförmigen Blättern ist die *Vallisneria* ein Klassiker in der Aquaristik. **Heimat** Europa, Südwestasien. **Pflege** Wassertemperatur: 18–28 °C; 4–30 °dH; pH 6–8; Beleuchtung: mittel bis viel. Die Pflanze vermehrt sich über Ausläufer mit neuen Jungpflanzen. Einige Formen können Blattlängen bis 100 cm erreichen. **Besonderheiten** Ideal zur Begrünung von Rück- und Seitenwänden. Für kleine Becken ist *Vallisneria* ungeeignet. Besonders schön wirkt die Pflanze in der Nähe eines Wasser-Ausströmers, wenn sich die Blätter in der Strömung bewegen.

Egeria densa

Dichtblättrige Wasserpest

Aussehen Dicht beblätterte Stängelpflanze, deren Trieblängen bis zu 100 cm erreichen. **Heimat** Ursprünglich Südamerika, inzwischen in weiteren Kontinenten eingebürgert. **Pflege** Wassertemperatur: 10–26 °C; 1–30 °dH; pH 5–8; Beleuchtung: mittel bis viel. Die leicht brüchigen Stängel wachsen auch flutend an der Wasseroberfläche weiter. Hier muss immer wieder regelmäßig eingekürzt werden. **Besonderheiten** Im Aquarium ist diese rasant wachsende Wasserpflanze ein wichtiger Sauerstoffspender. Zur Stabilisierung bei einer Neubepflanzung sehr zu empfehlen.

Bacopa caroliniana

Großes Fettblatt

Aussehen Der Name »Fettblatt« bezieht sich auf die dickfleischigen Blätter. Die Überwasserstängel sind rein grün und behaart, die Unterwassertriebe dagegen meist bräunlich gefärbt. **Heimat** Südliche USA und Mexiko. Dort wächst die beliebte Stängelpflanze in Sumpfgebieten und an Rändern von kleinen Bächen. **Pflege** Wassertemperatur: 16–28 °C, optimal 22–26 °C; 4–20 °dH; pH 5–8; Beleuchtung: mittel bis viel. Die 20 bis 40 cm hohen Stängel wachsen recht langsam. **Besonderheiten** Um eine schöne Wirkung zu erzielen, sollten die Stängel stufig gepflanzt werden.

Cabomba caroliniana

Karolina-Haarnixe

Aussehen Eine Pflanze mit filigranen Blattquirlen und einer Wuchshöhe von 20 bis 40 cm. **Heimat** USA. **Pflege** Wassertemperatur: 18–26 °C; 4–20 °dH; pH 4–7; Beleuchtung: mittel bis viel. Die schnell wachsende grüne *Cabomba* gilt als die am leichtesten zu pflegende Haarnixe. Sie bevorzugt eher weicheres Wasser, wächst aber auch in hartem noch gut. Im Gegensatz zur roten *Cabomba* genügt der grünen Art eine normale Beleuchtung. **Besonderheiten** Wächst die Pflanze bis zur Wasseroberfläche, bilden sich kleine Schwimmblätter und kleine, weiße Blüten.

Hygrophila corymbosa

Riesenwasserfreund

Aussehen Von dieser Pflanze sind viele Blattformen bekannt. Die hier beschriebene Art hat eher rundliche Blätter, andere haben längliche Blattformen. Bei intensiver Beleuchtung sind die Triebspitzen bräunlich gefärbt. **Heimat** Sumpfige Gebiete in Südostasien. **Pflege** Wassertemperatur: 20–28 °C; 1–20 °dH; pH 5,5–8; Beleuchtung: mittel bis viel. Auch in härterem Wasser gedeiht der 30 bis 50 cm hohe Riesenwasserfreund noch prächtig. **Besonderheiten** *Hygrophila corymbosa* kommt besonders gut in einer größeren Gruppe im Aquarium zur Geltung.

Rotala rotundifolia

Rundblättrige Rotala

Aussehen Der Name bezieht sich auf die Überwasserform dieser beliebten rötlichen Aquarienpflanze. Die Unterwasserstängel mit den schmalen Blättchen wirken sehr feingliedrig und zart. *Rotala* erreicht eine Wuchshöhe von 20 bis 50 cm. **Heimat** Südostasien. **Pflege** Wassertemperatur: 18–30 °C; 1–20 °dH; pH 5–8; Beleuchtung: mittel bis viel. Die schnell wachsende Pflanze toleriert große Härte- und pH-Unterschiede. Ihre intensive Färbung ist bei guter Beleuchtung besonders ausgeprägt. **Besonderheiten** *Rotala* wirkt in kleinen Aquarien und Nano Cubes sehr hübsch.

Microsorum pteropus

Javafarn

Aussehen Über- und Unterwasserform mit ihren schmalen, langen Blättern unterscheiden sich kaum im Aussehen. **Heimat** Tropisches Asien. **Pflege** Wassertemperatur: 18–30 °C; 1–20 °dH; pH 5–8; Beleuchtung: gering bis mittel. Der Farn wächst am besten auf Dekomaterial wie Stein und Holz. Ab und zu entstehen an der Blattunterseite kleine Brutpflänzchen, die man abnehmen und erneut auf Steinen/Wurzeln festbinden kann. Javafarn wird 25 bis 50 cm hoch und wächst sehr langsam. **Besonderheiten** Der robuste Farn ist häufig in Unterwasser-Gärten zu bewundern.

Ceratophyllum demersum

Hornkraut

Aussehen *Ceratophyllum* ist eine extrem angepasste Pflanze für das Leben im Wasser. Es wächst unter der Wasseroberfläche frei schwimmend oder am Boden verankert. Die wurzellose Pflanze bildet nur Haftorgane, die zwar wurzelähnlich sind, aber lediglich der Verankerung und nicht der Nährstoffaufnahme dienen. Sogar die Blüten bilden sich im Wasser und werden auch unter Wasser befruchtet. Die Stängel sind stark gefiedert und erinnern an kleine Tannenwedel. Sie können 40 bis zu 100 cm lang werden und wachsen sehr schnell. **Heimat** Das Hornkraut ist ein Kosmopolit und weltweit verbreitet. Es kommt in stehenden und fließenden Gewässern vor. Auch bei uns ist es heimisch und wird sehr oft im Gartenteich verwendet. Im Herbst bilden sich kompakte Seitensprosse, die zu Boden sinken und dort überwintern. **Pflege** Wassertemperatur: 20–28 °C; 4–30 °dH; pH 6–9; Beleuchtung: gering bis viel. Seit der Anfangszeit der Aquaristik kennt man das Hornkraut mit all seinen positiven Eigenschaften. Es wächst in weichem wie auch in hartem Wasser gleichermaßen gut und ist in jedem Temperaturbereich einsetzbar – sogar für Diskusbecken, die eine Wassertemperatur bis zu 30 °C benötigen. Man kann die Sprosse einfach fluten lassen oder im Aquarienhintergrund befestigen. Dabei werden mehrere Stängel zusammengebunden und in den Bodengrund eingedrückt (→ Seite 48). Auch die Lichtansprüche sind bescheiden – die Pflanze wächst einfach immer ... Durch das schnelle Wachstum – die Triebe des Hornkrauts können innerhalb einer Woche 10 bis 20 cm wachsen – ist *Ceratophyllum* ein idealer Gegenspieler der Algen. Keine andere Pflanze ist in der Lage, derart viele Nährstoffe aufzunehmen. **Besonderheiten** Als dauerhafte Bepflanzung ist das Hornkraut eher ungeeignet, da es bei guten Wachstumsbedingungen permanent eingekürzt werden muss. Als »Wundermittel« gegen Algen, ob vorbeugend oder bei einer Algenplage, ist es unverzichtbar. Es gilt als »Nährstoffschwamm«, das den Algen ihre Ernährungsgrundlage entzieht.

Kampf den **Algen**

ALGENSTOPP Setzen Sie in der sensiblen Einfahrphase für ungefähr 4 bis 6 Wochen Hornkrautstängel frei schwimmend in Ihr neu bepflanztes Aquarium ein. Das Hornkraut verhindert, dass sich Algen ausbreiten.

Das Bepflanzen Schritt für Schritt

1 Dekorieren

Modellieren Sie zuerst den Kies nach hinten ansteigend. Ein Bodengrundaufbau mit unterschiedlichen Höhen vermittelt den Eindruck lebendiger Natürlichkeit. Jetzt Steine und/oder Wurzeln platzieren. Kleine Steinchen und Wurzelstückchen als »Feinschliff« am Ende der Bepflanzung einsetzen.

2 Vorbereitung der Pflanzen

Pflanzen aus dem Topf nehmen und die Wurzeln von der Steinwolle befreien. Bei sehr feinem Wurzelwerk nur den unteren Teil der Steinwolle entfernen. Wurzeln mit einem scharfen Messer oder einer Schere auf 1 bis 2 cm einkürzen. Stängelpflanzen können auch ausgetopft oder direkt über dem Topfrand abgeschnitten werden. Die wurzellosen Stängel treiben im Bodengrund schnell neue Wurzeln. Aufsitzerpflanzen wie Farne und Speerblätter, aber auch Moose mit einer Angelschnur oder einem Haarnetz auf Stein oder Wurzel aufbinden.

3 Hintergrundbepflanzung

Stängelpflanzen – je nach Art – mit einem Abstand von etwa 3 bis 5 cm in den feuchten Kies einpflanzen. Besonders feingliedrige und zarte Arten können auch büschelweise gepflanzt werden. Untere Blätter an den Stängeln grundsätzlich entfernen, da dieser Pflanzenteil in den Kies eingedrückt wird. Submers kultivierte Arten immer wieder ansprühen, damit die Blätter nicht antrocknen.

4 Mittelgrundbepflanzung

Mittelgrundpflanzen wie beispielsweise das Pfeilkraut *(Sagittaria)* tief in den Kies eindrücken. Dann Pflanze wieder leicht so weit nach oben ziehen, wie sie vorher im Topf kultiviert war. Der Wurzelstock sollte senkrecht nach unten weisen, damit sich schnell neues Wurzelwerk bildet. Im Mittelgrundbereich des Aquariums Pflanzenarten mit verschiedenen Wuchshöhen verwenden, um eine harmonische Gestaltung zu erreichen (→ ab Seite 28).

5 Vordergrundbepflanzung

Den Aquarien-Vordergrund mit flach wachsenden Arten bepflanzen (→ ab Seite 24). Sehr feingliedrige, »grasartige« Pflanzen mithilfe einer Pflanzenpinzette einsetzen – entweder als einzelne Triebe oder das gesamte Pflanzenpolster leicht in den Kies eindrücken. Zur Beschwerung der Polster etwas Kies aufstreuen. Nach ungefähr 10 bis 14 Tagen sind die Polster gut angewachsen und sitzen nun fest im Bodengrund.

6 Einfahrphase

Aquarium komplett mit Wasser auffüllen und eventuell noch kleinere Dekomaterialien platzieren. Technische Geräte wie Heizung und Filter in Betrieb nehmen, Beleuchtung einschalten sowie die wichtige CO_2-Düngung aktivieren (→ Seite 52). Zur Optimierung der Einfahrphase wird für 4 bis 6 Wochen Hornkraut frei schwimmend ins Wasser gesetzt (→ Seite 37). Es schattiert die Bepflanzung auf natürliche Weise und lässt Algen wenig Chancen zum Wachsen. Nach wenigen Tagen die ersten Algenvertilger wie etwa Garnelen und Schnecken einsetzen (→ Seite 56). Fische erst dann ins Aquarium geben, wenn die Pflanzen angewachsen sind und genügend Sauerstoff für die Fische produzieren.

1
Nano Cube

2

3

4

5

6

Schöne Unterwasserlandschaften gestalten

Ein »grünes Aquarium«, eine Landschaft unter Wasser, zu planen und einzurichten, ist faszinierend. Der eigenen Kreativität sind hier kaum Grenzen gesetzt. Dennoch muss man einige Grundregeln beachten, damit sich Pflanzen, Fische und andere tierische Bewohner wohlfühlen und das kleine Biotop auch auf Dauer funktioniert. Auf den nächsten Seiten beschreibe ich einige Gestaltungsbeispiele für Aquarien mit den Maßen 60 cm, 80 cm und für trendige Miniaquarien, den sogenannten Nano Cubes, die alle Anforderungen erfüllen.

Nanoaquarien – voll im Trend

Miniaquarien gehören seit einiger Zeit zu den Favoriten vieler Aquarianer. Ihr Vorteil liegt auf der Hand: Nanoaquarien brauchen wenig Platz und sind das optische Highlight in jedem Raum – gleich ob Küche, Bad, Wohn- oder Schlafzimmer. Die Miniaquarien gibt es mit einem Wasserinhalt von 10 bis 60 Litern zu kaufen. Besonders begehrt sind die sogenannten Nano Cubes – Aquarien in Würfelform. In den Miniaquarien mit 30 bis 60 Litern Wasser kann man sogar Fische erfolgreich pflegen.

Große Steine mit Struktur wirken in einem Nano Cube wie riesige Felsen. Im Hintergrund ist die besonders farbenprächtige *Ludwigia arcuata* zu sehen.

Miniaquarien bepflanzen

Natürlich lässt sich ein Nanoaquarium mit relativ wenigen Pflanzen üppig gestalten. Bei Aquarien mit nur 10 bis 20 Litern Wasserinhalt genügen bereits 3 bis 4 verschiedene Arten, bei 30 bis 60 Litern sind 6 bis 7 Pflanzenarten ausreichend. Feingliedrige und zarte Pflanzen sind natürlich für diesen winzigen bis kleinen »Unterwasserraum« besser geeignet als solche mit sehr großen Blättern. Besonders Moose sind ideale Pfleglinge in den Miniaquarien (→ Pflanzenporträts, ab Seite 24). Garnelen lieben Moose. Sie dienen ihnen als Futter- und Tummelplatz. Dekorative Wurzeln und Steine dürfen natürlich nicht fehlen (→ Seite 21). Verwenden Sie aber immer nur eine Sorte Wurzeln beziehungsweise Steine in verschiedenen Größen.

Ein 20-Liter-Nano-Cube

Als Anregung für diesen kleinen Wasser-Garten soll Ihnen dieses Beispiel, das ich selbst gestaltet habe und das im Foto rechts abgebildet ist, dienen.

Pflanzenauswahl Die Hintergrundpflanzen bilden hier die grüne Ludwigie und der Indische Wasserfreund (*Hygrophila polysperma* 'Sunset'), der rosafarbene Triebe bildet. Im Mittelgrund sind mehrere Algenbälle in verschiedenen Größen plaziert. Dazu gesellt sich das Flammenmoos mit seinen gedrehten Moosfäden. Im Vordergrund ist eine kleinere Gruppe der kompakten Sorte des Wasserfreunds (*Hygrophila corymbosa* 'Kompakt') gepflanzt.

Außergewöhnliches Dekomaterial In diesem Nano Cube habe ich blauen Kies und blauen Glasbruch als Dekorationsmaterial verwendet. Dazu kommen zwei dekorative Glaskugeln mit eingeschlossenen Blasen, die einen besonderen Lupeneffekt erzeugen. So wird ein Miniaturaquarium zu einem Schmuckstück im Wohnzimmer.

Pflegeaufwand Für die Pflege dieses kleinen Unterwasser-Gartens müssen Sie relativ wenig Zeit aufwenden. Lediglich die Hintergrundpflanzen sollten alle 4 bis 6 Wochen eingekürzt werden. Durch Mulm verschmutzte Algenbälle einfach herausnehmen und unter klarem Wasser auswaschen.

Die Kombination von Algenbällen und Glaskugeln wirkt harmonisch und ist ein toller Blickfang.

Moosgarten im 60-cm-Aquarium

Eine Pflanzenlandschaft mit vielen Moosarten hat ihren besonderen Reiz und ist gerade für kleinere Aquarien mit einer Seitenlänge von 60 cm bestens geeignet. Die meisten Standard-Aquarien dieser Größe haben eine Tiefe von 35 cm, doch um eine ansprechende Unterwasserlandschaft zu gestalten, ist eine Tiefe von 40 cm besser geeignet.

Die Mooslandschaft gestalten In einer Unterwasser-Mooslandschaft machen sich Steine und Wurzeln besonders gut. In meinem Beispiel habe ich Lavasteine in verschiedenen Größen verwendet. Besonders wirkungsvoll sind aufrecht platzierte und bemooste Wurzelstücke. Das Moos wird einfach als dünnes Polster mit Angelschnur aufgebunden. Kombinieren Sie verschiedene Moosarten wie etwa das hellgrüne *Riccia*-Moos zwischen anderen dunkelgrünen Moosarten. So erreichen Sie wunderschöne Kontraste. Im Hintergrund ist das Große Fettblatt (*Bacopa caroliniana*), eine recht langsam wachsende Stängelpflanze, zu sehen.

Pflegeaufwand Die Pflege eines Moosgartens nimmt wenig Zeit in Anspruch, denn die meisten Moose wachsen langsam. Allerdings wird hin und wieder ein kleiner »Formschnitt« nötig. Alle Moose lieben frisches, klares Wasser, deshalb ist ein

Ein eindrucksvolles Biotop in kleinem Maßstab. In solch einer Moos-Wasserlandschaft können Sie die interessanten Verhaltensweisen der Fische und Garnelen besonders gut beobachten.

wöchentlicher Wasserwechsel zu empfehlen (→ Seite 47). An tierischen Bewohnern sollten auf jeden Fall Garnelen in Ihren Moosgarten einziehen (→ Seite 56). Ihre Schönheit kommt hier besonders gut zur Geltung.

Ein 60-Liter-Nano-Cube

Die Würfelform des Cubes macht seine Gestaltung außerordentlich reizvoll. Beim Bepflanzen wird nicht nur die Vorderansicht, sondern auch die Seitenansicht berücksichtigt. So entsteht ein sehr plastisches »Unterwassergemälde«.

Aufbau Im Gestaltungsbeispiel rechts spielt das feuerrote Papageienblatt (*Alternanthera reineckii* 'Rot') die Hauptrolle. Es bildet für den Betrachter den sogenannten »starken Punkt«. Hinter dieser Stängelpflanze ist der Innenfilter »versteckt«, der hier unsichtbar seine wichtigen Funktionen erfüllt. Der Hintergrund ist nicht kompett bepflanzt, denn so wird eine bessere Tiefenwirkung erzielt. Zwei schöne schwarz-weiße Dekosteine bilden den Gestaltungsmittelpunkt des Aquariums. Platzieren Sie die Steine ein wenig gegeneinander versetzt. Das erhöht die Spannung des Gesamteindrucks. Als dominierende Vordergrundpflanze habe ich in diesem Fall den Kleinen Wasserstern *(Pogostemon helferi)* gewählt. Ebenso im vorderen Bereich wächst der Kompakte Wasserfreund (*Hygrophila corymbosa* 'Kompakt') mit seinen hellgrünen Blättern. Um eine besonders natürliche Gestaltung zu erreichen, führt ein kleiner »Kiesweg« zu den »Felsen« im Mittelgrund des Aquariums.

Pflegeaufwand Sobald die Triebspitzen des Papageienblatts die Wasseroberfläche erreicht haben, werden die Stängel eingekürzt. Der obere Teil wird mit einer Stängellänge von 15 cm wieder eingepflanzt. Die Stängel von *Pogostemon* und dem kompakten Wasserfreund alle 3 bis 4 Monate einkürzen. Bei der Vallisnerie im Hintergrund müssen lediglich Ausläufertriebe entfernt werden.

Fische In solch einem Cube sehen Nanofische wie zum Beispiel der Perlhuhnbärbling und Moskitobärbling hübsch aus. Aber auch Guppys und andere kleine Fischarten machen in diesem Aquarium durchaus eine »gute Figur«.

Das Papageienblatt *Alternanthera* ist der sogenannte »starke Punkt« in der Gestaltung.

Variation in Grün im 80-cm-Aquarium

Im Gestaltungsbeispiel auf dem Foto unten habe ich ausschließlich grüne Pflanzen im Unterwasser-Garten verwendet. Die Kontraste entstehen durch die verschiedenen Blattformen und Grüntöne.

Aufbau Der Steinaufbau in Kombination mit Wurzelholz im Mittelgrund des Aquariums bildet einen attraktiven Blickfang. Der Steinaufbau ist auf der linken Seite unterbrochen, um so die Wirkung eines kleinen Bachlaufs zu erreichen. Die dominierenden Pflanzen in diesem Aquarium sind der Javafarn *(Microsorum)* und der Kongo-Wasserfarn *(Bolbitis)*. Beide Farnarten habe ich in den Steinaufbau eingepflanzt. Die Kriechende Staurogyne mit hellgrünen Blättchen wächst teppichartig im Vordergrund in Kombination mit dunkelgrünen Algenbällen. Das grasartige Pfeilkraut bietet einen interessanten Kontrast zu den anderen Blattformen. Das Bild eines urwüchsigen Dschungels ist entstanden.

»Kleiner Bachlauf im Tropenwald« – so könnte man diese üppige grüne Unterwasserlandschaft ohne Weiteres bezeichnen.

Pflegeaufwand Diese Unterwasserlandschaft bedarf nur geringer Pflege, denn alle ausgewählten Pflanzenarten wachsen langsam. Langsam wachsende Pflanzen benötigen weniger Nährstoffe als schnell wachsende Pflanzen. Daher ist der CO_2-Bedarf für diese Art der Bepflanzung geringer als bei schnell wachsenden Arten. Mit einem CO_2-Dauertest ist das Einstellen der Blasenzahl ganz einfach (→ Seite 52 und Experten-Tipp, Seite 59).

Tierische Bewohner Garnelen fühlen sich in diesem grünen Dschungel ganz besonders wohl. Es gibt viele Nischen und Höhleneingänge, die »untersucht« und »abgegrast« werden können. Als Fischbesatz eignen sich für solch einen Unterwasser-Garten viele Salmlerarten wie zum Beispiel die Rotflossensalmler.

Farbige Akzente im 80-cm-Aquarium

Mit farbigen Aquarienpflanzen erzeugt man eine interessante Spannung. Das Gestaltungsbeispiel im Foto auf Seite 45 könnte auch »Indian Summer« heißen. Die Stängelpflanzen im Hintergrund erinnern an farbige Wälder im Herbst. Die rötlichen Triebspitzen der *Rotala* und die braunrote Ludwigie sind die Highlights dieser Landschaft. Passende farbliche Dekosteine und außergewöhnliche Wurzelhölzer wie zum Beispiel Mangroven-Wurzelhölzer in geradliniger Form harmonieren sehr gut zu den Korallen-Moospolstern im Vordergrund. Ein kleiner Kiesweg führt nach hinten, wo leuchtend grüne *Riccia*-Polster wachsen.

Pflegeaufwand Die Stängelpflanzen im Hintergrund benötigen immer wieder einen Rückschnitt. Bei *Rotala* und *Ludwigia* werden die Stängel im unteren Bereich der Pflanze geschnitten. Wichtig dabei: ein schräger Schnitt. Nach 1 bis 2 Wochen treiben die Stängel an der Schnittstelle neu aus.

»Indian Summer«, so könnte diese herbstliche Unterwasserlandschaft mit ihren wunderschönen Färbungen der vielen feingliedrigen und zarten Pflanzen heißen. Außergewöhnliche Dekosteine und Wurzeln geben diesem Unterwasser-Garten einen eigenwilligen Charakter.

Fische Diese Unterwasserlandschaft ist bestens für die Pflege südamerikanischer Salmlerarten geeignet, die sich nur dann wohlfühlen, wenn sie in kleinen Schwärmen gehalten werden. Aber auch Bärblinge aus Südostasien wie *Rasbora*-Arten können zum Mittelpunkt in diesem Aquarium werden. Als Bodenfische eignet sich eine kleine Gruppe der beliebten Panzerwelse *Corydoras*. Eher unauffällige, jedoch sehr nützliche Algenvertilger sind Zwergharnischwelse und Amanogarnelen.

Rotgrüne **Kontraste**

Durch die geschickte Platzierung von unterschiedlichen Pflanzenfarben entstehen schöne Kontraste. Rote und rötliche Pflanzen werden durch hellgrüne Pflanzen in ihrem Umfeld besonders hervorgehoben und sind somit ein faszinierender Blickpunkt im Unterwasser-Garten.

Pflanzenpraxis

Über prächtig wachsende Pflanzen freut sich jeder Aquarianer. Doch damit das auch so bleibt, sind regelmäßige Pflegemaßnahmen wie etwa Pflanzen zurückschneiden, welke Blätter entfernen oder düngen angesagt. Nur dann verliert der Unterwasser-Garten auch auf Dauer nichts von seiner Faszination.

Allgemeine Pflegemaßnahmen

Pflanzen im Aquarium brauchen eine gute Wasserqualität, Wärme, Licht und Dünger.

Wasserwechsel Grundsätzlich gilt: je öfter, desto besser. Nach einer Neueinrichtung sollten in den ersten drei Wochen zweimal wöchentlich 25 bis 50 Prozent des Wassers gewechselt werden, danach einmal pro Woche. Die Temperatur des Frischwassers sollte in etwa der Temperatur des Aquarienwassers entsprechen. Wichtig ist der Zusatz eines Wasseraufbereiters für das Leitungswasser. Dabei werden gefährliche Schwermetalle wie Kupfer und Blei gebunden und aggressives Chlor neutralisiert.

Düngen Wasserpflanzen brauchen neben einem nährstoffreichen Bodengrund auch eine regelmäßige Ernährung aus dem Wasser. Am besten ist die Zugabe spezieller Flüssigdünger für Aquarienpflanzen. Dosieren Sie am Anfang etwas weniger, bis die Pflanzen richtig angewachsen sind. Die wichtige Kohlendioxid-Düngung sollte allerdings sofort auf optimale Werte eingestellt werden. Wenn Blätter hell und transparent werden, fehlt Dünger.

Technik kontrollieren Täglich alle technischen Geräte auf ihre Funktionstüchtigkeit kontrollieren.

Beschneiden Häufigeres Beschneiden der Pflanzen, etwa in einem zweiwöchigen Rhythmus, ist besser als ein radikaler Rückschnitt. Zu starkes Beschneiden kann das Gleichgewicht im Aquarium stören, und das Algenrisiko steigt.

Abgestorbenes entfernen Abgestorbenes organisches Material gibt Nährstoffe frei und verbraucht Sauerstoff. Deshalb Pflanzenreste, tote Fische und Garnelen sofort entfernen.

Algenkontrolle Algen dürfen im Aquarium nicht dominieren. Kontrollieren Sie Ihren Unterwasser-Garten auf trübes Wasser und Beläge auf den Glasscheiben, Pflanzenblättern oder am Dekomaterial.

Gezielte Pflanzenpflege

Je nachdem, ob eine Pflanze schnell oder langsam wächst bzw. welche Wuchsform sie hat, sind spezielle Pflegemaßnahmen nötig.

Stängelpflanzen Die meisten Stängelpflanzen wie beispielsweise Wasserfreund, Wasserpest oder Haarnixe sind schnellwachsend und müssen deshalb regelmäßig eingekürzt werden. Lassen Sie die Triebe zunächst bis zur Wasseroberfläche – vielleicht sogar etwas seitlich flutend – wachsen. So werden die Triebspitzen besonders kräftig. Zum Einkürzen zieht man den gesamten Stängel vorsichtig heraus. Jetzt wird der obere Teil als Kopfsteckling, etwa 10 bis 15 cm lang, mit einer scharfen Schere abgeschnitten. Den schwächeren unteren Teil wirft man weg. Den kräftigen Kopfsteckling können Sie erneut einpflanzen. Einige Stängelpflanzen wie zum Beispiel Ludwigien kann man aber auch direkt in der Nähe des Bodengrundes über dem Blattansatz zurückschneiden. Schnell bilden sich an der Schnittstelle neue Seitentriebe, und der Wuchs der Pflanze wird noch kompakter und dichter.

Rosettenpflanzen Dazu gehören beispielsweise Wasserkelche und Schwertpflanzen. Sie treiben immer neue Blätter aus der Basis am Boden heraus. Sind die Pflanzen nach einigen Monaten zu ausladend, werden die ältesten Blätter an der Basis entfernt. Jetzt ist wieder Platz für neues Wachstum, und andere Pflanzen in der Nähe bekommen mehr Licht. Gelbliche oder bräunliche Blätter werden entfernt, da sie ohnehin absterben würden.

Rasenbildende Pflanzen und Moose Grasartige Pflanzen wie die Brasilianische Graspflanze oder andere kriechende Bodendecker werden mit einer Schere kräftig zurückgeschnitten. Innerhalb weniger Tage entwickeln sich junge Blätter. Auch bei den Moosen empfiehlt sich ein häufiges Trimmen der Polster. Mit etwas Geschick kann man sogar Kugelformen gestalten, wie etwa mit dem Teichlebermoos (→ Seite 24).

Mithilfe einer scharfen Schere entstehen keine Quetschungen an der Schnittstelle.

Versorgung im Urlaub

Wenn Sie nur wenige Tage von zu Hause abwesend sind, ist das für Ihren Unterwasser-Garten nebst seinen tierischen Bewohnern überhaupt kein Problem. Im Gegenteil – eine kurze Fastenzeit tut der Gesundheit der Fische gut und fördert ihre Vitalität. Auch für Zwerggarnelen sind ausbleibende Futtergaben problemlos. Sie ernähren sich währenddessen von Algenaufwuchs und Kleinstlebewesen. Möchten Sie jedoch länger als eine Woche Urlaub genießen, müssen Sie für eine Urlaubsvertretung sorgen. Idealerweise übernimmt diese Aufgabe ein befreundeter Aquarianer. Sind Sie jedoch auf einen »ahnungslosen« Pfleger angewiesen, braucht er eine gewisse »Einarbeitungszeit«. Er muss die Fütterung übernehmen und – je nachdem wie viele Wochen Sie unterwegs sind – einen Wasserwechsel durchführen (→ Seite 47). Auch die technischen Geräte müssen täglich kontrolliert werden. Grundsätzlich ist es möglich, ein Aquarium wochenlang vollautomatisch zu pflegen, wenn Sie über die entsprechende technische Ausrüstung wie beispielsweise einen Futterautomat, eine elektronische Steuerung des pH-Wertes, automatische CO_2-Düngung etc. verfügen. Dennoch sollte mindestens alle zwei Tage jemand das Aquarium kontrollieren. Es kann zu einem Stromausfall kommen, oder tote Fische lösen eine negative Kettenreaktion aus. Am besten erstellen Sie Ihrer Urlaubsvertretung einen Pflegeplan für Ihren Unterwasser-Garten und hinterlassen für den Notfall Ihre Urlaubsadresse und die Adresse Ihres Zoofachhändlers.

Pflegeplan vor und während des Urlaubs

URLAUBSVORBEREITUNG

WASSER	Vor Ihrem Urlaubsantritt Wasser zur Hälfte austauschen.
TEMPERATUR	Wassertemperatur um 1 bis 2 °C absenken, um das Pflanzenwachstum zu minimieren.
FILTER	Filter grob reinigen und die Durchflussmenge kontrollieren.
DÜNGUNG	Eine volle CO_2-Flasche anschließen, damit die Pflanzen gut versorgt sind.
PFLANZEN	Nicht radikal beschneiden.
TECHNIK	Alle technischen Geräte kontrollieren, eventuell Ersatzgeräte bereitstellen.

AUFGABEN DER URLAUBSBETREUUNG

TECHNIK	Täglich oder alle zwei Tage kontrollieren.
FÜTTERUNG	2-mal wöchentlich sparsam füttern.
WASSER	Bei längerer Abwesenheit ist ein einmaliger Wasserwechsel (25 bis 50 %) durchzuführen.
ABGESTORBENES	Abgestorbenes Pflanzenmaterial und tote Fische entfernen.

Hinweis: Generell ist ein gut funktionierendes Pflanzenaquarium mit einem biologischen Gleichgewicht sehr stabil und braucht wenig Urlaubspflege. Oftmals führt gerade das Zuviel des Herumhantierens im Aquarium zu Problemen.

So wachsen Ihre Pflanzen prächtig

Den berühmten »grünen Daumen« kann jeder erlangen, wenn er über die richtige Ernährung und Pflege der Pflanzen seines Unterwasser-Gartens Bescheid weiß und sein Wissen dementsprechend einsetzt.

Tut gut

- Düngen Sie in der richtigen Dosierung, am Anfang lieber weniger als zu viel. Eine Überdosierung führt schnell zu einer Algenplage.
- Ein häufiger Wasserwechsel ist für Fische und Pflanzen sehr wichtig (→ Seite 47). Beim Wasserwechsel auf die Temperatur achten. Gut temperiertes Wasser ist optimal.
- Pflanzen regelmäßig einkürzen und beschneiden. So wachsen sie buschiger und dichter.
- Gönnen Sie Pflanzen und Tieren eine »Mittagspause« mit reduzierter Beleuchtung (→ Seite 16).

Besser nicht

- Vermeiden Sie Radikalschnitte bei allen Aquarienpflanzen. Das kann das biologische Gleichgewicht erheblich stören.
- Verwenden Sie keinen normalen Pflanzendünger für Zimmerpflanzen oder Gartenpflanzen.
- Keine kalkhaltigen Steine als Dekorationsmaterial ins Aquarium einbringen. Durch die Zugabe von Kohlendioxid löst sich der Kalk und härtet das Wasser auf.
- Einige Fischarten wie etwa ostafrikanische Buntbarscharten sind regelrechte »Pflanzenzerstörer«. Setzen Sie daher besser ruhigere Fische wie zum Beispiel Salmlerarten ein.

Pflanzen brauchen Nährstoffe

Jede Pflanze braucht eine Vielzahl verschiedener Nährstoffe zum Gedeihen. Fehlt nur ein einziges Element, beginnt sie zu kümmern und bekommt blasse, gelbe Blätter. In der Natur werden der Pflanze durch sickerndes und fließendes Wasser ständig neue Nährstoffe zugeführt, im Aquarium ist der Mensch dafür zuständig. Die richtige »Verpflegung« der Pflanzen im Aquarium ist nicht einfach. Einige Nährstoffe, die durch das Fischfutter ins Wasser gelangen, sind meist im Überschuss vorhanden, wie etwa Phospat und Nitrat. Andere dagegen werden schnell verbraucht oder fehlen ganz. Eine stetige Zugabe an fehlenden Nährstoffen ist daher wichtig. Aber auch der Abtransport von Nährstoffüberschüssen und anderer verbrauchter Stoffe ist nötig. Aus diesem Grund ist ein wöchentlicher Wasserwechsel empfehlenswert (→ Seite 47).

Langzeitdüngung

Im Handel gibt es für Aquarienpflanzen spezielle Nährstoff-Mischungen mit Langzeitwirkung. Mit zusätzlichen Pflanzen-Tabs oder Düngekugeln können Sie das Nährstoffdepot ergänzen. Sie werden einfach in den Wurzelbereich gedrückt.

Hinweis Verwenden Sie keinen Zimmer- oder Gartenpflanzendünger. Deren Nährstoffzusammensetzung ist nicht auf Aquarienpflanzen abgestimmt.

Flüssigdüngung

Einige Arten wie die Wassernixe *(Cabomba)* nehmen ihre Nährstoffe überwiegend über die Blätter auf. Deshalb sollten Sie das Aquarienwasser mit einem Flüssigdünger aufdüngen. Bei einer Neueinrichtung besser sparsam dosieren, denn eine Überdosierung führt schnell zu einer Algenplage. In den meisten handelsüblichen Düngern ist weder Stickstoff noch Phosphor enthalten. Diese beiden Nährelemente sind meist durch Fischfutter und Fischkot

Sumpffreundarten *(Limnophila)*, wie hier im Foto zu sehen, entnehmen die Nährstoffe aus dem Aquarienwasser. Verwenden Sie also einen guten Flüssigdünger für Aquarienpflanzen.

im Überschuss vorhanden. Bei sehr dicht bepflanzten Aquarien ist zusätzlich der Einsatz eines Stickstoff/Phosphat-Düngers empfehlenswert.

Kohlendioxid(CO_2)-Düngung

Der wichtigste Nährstoff für alle Pflanzen ist Kohlendioxid. In der Luft ist es ausreichend vorhanden. In den meisten Aquarien dagegen ist die CO_2-Konzentration viel zu niedrig und meist die Hauptursache für das kümmerliche Aussehen der Pflanzen. Außerdem kann durch CO_2 der pH-Wert des Aquarienwassers leicht gesenkt und damit auf naturnahe Werte eingestellt werden. Die meisten Aquarienfische lieben leicht saures Wasser, das zudem eine positive Wirkung auf die empfindliche Fischhaut hat. Außerdem werden wichtige Spurenelemente besser verfügbar, da diese im leicht sauren pH-Bereich besser löslich sind.

Die richtige Dosis Der CO_2-Bedarf im Aquarium hängt von vielen Faktoren ab. Große, offene Aquarien mit vielen Pflanzen zum Beispiel brauchen mehr Kohlendioxid als kleine Aquarien. Auch eine starke Beleuchtung und ein schnell laufender Filter mit entsprechender Wasserbewegung erhöhen den CO_2-Bedarf. Zu viel Kohlendioxid kann allerdings auch zu Schäden an den Pflanzen führen, und es behindert die Fische beim Atmen. Optimal sind 20 Milligramm CO_2 pro Liter Wasser. Dieser Wert lässt sich mithilfe eines CO_2-Dauertests mühelos einstellen und überwachen.

1 Düngekugeln geben ihre Nährstoffe besonders langsam und gleichmäßig ab. Sie werden einfach in der Nähe der Pflanze in den Kies eingedrückt.

2 Das Co_2-Zugabegerät sorgt zuverlässig für eine schnelle und effektive Kohlendioxid-Versorgung der Pflanzen in Ihrer Unterwasserlandschaft.

CO_2-Quelle

Zwei verschiedene Systeme bieten die Möglichkeit, das Wasser mit Kohlendioxid anzureichern: das Bio-CO_2-System oder das CO_2-System mit Druckgas.

Bio-CO_2-System Hierbei wird in einem Gärbehälter eine zuckerhaltige Lösung mittels Hefe vergoren. Als Nebenprodukt des Gärprozesses entsteht CO_2. Dieses wird dann durch einen Schlauch über einen Blasenzähler zum Zugabegerät und damit in das Aquarium geleitet. Diese preiswerte Variante ist eher für kleinere Aquarien geeignet.

CO_2-System mit Druckgas Neben der Druckgasflasche benötigen Sie bei diesem System einen Druckminderer mit Einstellventil. Im Aquarium ist das Zugabegerät angebracht, in welchem das CO_2 langsam im Wasser gelöst wird. Druckminderer und Zugabegerät sind mit einem speziellen Schlauch verbunden. Lassen Sie sich im Fachhandel beraten, welche CO_2-Quelle am besten auf Ihre Bedürfnisse zugeschnitten ist.

Sauberkeit im Aquarium

Algen und Mulm machen dem Aquarianer manchmal das Leben schwer. Doch regelmäßige Putzaktionen halten den Arbeitsaufwand in Grenzen.

Bodengrund

Auf der Kiesschicht sammeln sich Fischkot, Futterreste und abgestorbenes Pflanzenmaterial zu einer Mulmschicht. Säubern Sie den Bodengrund vorsichtig bei jedem Wasserwechsel. Dabei führt man einen Wasserschlauch etwa 1 bis 2 cm über den Kiesboden entlang. Aber Achtung, je größer der Schlauchdurchmesser, desto stärker ist der Sog des abziehenden Wassers. Optimal ist ein sogenannter Mulmabsauger, den Sie im Fachhandel erhalten. Eine integrierte Pumpe erleichtert den Ansaugvorgang. Der Kies wird gesäubert und zugleich aufgelockert. Übrigens sollte ein gewisser Anteil der Mulmschicht auf dem Kies erhalten bleiben, denn der Mulm dient vielen nützlichen Bakterien als Nahrungsgrundlage.

Glasscheiben

Glasscheiben reinigen Sie am besten mit einem weichen Kunststoffschwamm. Achten Sie darauf, dass der Reinigungsschwamm nicht bereits mit einem Reinigungsmittel imprägniert worden ist. Hartnäckige Beläge lassen sich notfalls mit einer Rasierklinge oder der Klinge eines Teppichmessers entfernen. Besser und auch ungefährlicher sind spezielle Glasscheibenreiniger, die im Fachhandel angeboten werden. Die Außenseite des Aquariums keinesfalls mit normalem Glasreiniger säubern, da Spritzer ins Aquarium gelangen könnten. Das kann Pflanzen und Tieren schaden.

1 Ein Mulmabsauger ist sehr praktisch und hat einen weiteren positiven Effekt: Er lockert den Kies und beugt damit einer Verdichtung der Kiesschicht vor.

2 Mithilfe eines solchen Schiebers oder eines Kunststoffschwamms sorgt man bei den Aquarienscheiben für einen klaren Durchblick.

3 Algenbeläge auf Dekomaterialien entfernt man mit einer harten Bürste. Vorher die Beläge am besten mehrere Stunden in der Sonne trocknen lassen.

Dekomaterialien

In größeren Abständen ist es nötig, Steine und Wurzeln zu reinigen. Verwenden Sie dazu eine grobe Bürste und heißes Wasser. Hartnäckige Algenbeläge lassen sich leicht entfernen, wenn Sie das Dekomaterial für mehere Stunden zum Abtrocknen in die pralle Sonne legen. Sämtliche Putzutensilien wie Eimer, Wasserschlauch, Schwämme, Bürsten sollten ausschließlich der Aquarienpflege dienen.

Algen – Störenfriede im Aquarium

Aquarienpflanzen und Algen stehen in stetiger Konkurrenz im Aquarium, obwohl sich ihre Wachstumsbedingungen erheblich voneinander unterscheiden. Vereinfacht kann man sagen: Wachsen die Wasserpflanzen prächtig, sind die Algen und deren Wachstum im Nachteil (→ Seite 17).

Bei der Neueinrichtung eines Aquariums ist jedoch Algenbefall völlig normal und kein Grund zur Panik. Ein Aquarium ist ein vernetztes, biologisches System, das sich erst einspielen muss. Dabei wäre es fatal, an vielen Stellen gleichzeitig etwas zu verändern. Die Anzahl der verschiedenen Algenarten ist enorm groß, aber nur wenige davon treten auch häufiger im Aquarium auf.

Garnelen sind zwar fleißige Algenvertilger, sie können aber nicht die Ursachen einer Algenplage im Aquarium bekämpfen.

Grünalgen Sie sind eng mit den Wasserpflanzen verwandt, sehr beliebt ist sogar die kugelige Grünalge *Cladophora*. Lästig dagegen sind die Fadenalgen, die man aber leicht mit einer Flaschenbürste aufwickeln und entfernen kann.

Schwebealgen Sie sind verantwortlich für das bekannte »grüne Wasser« und nur von extrem feinem Filtermaterial zu entfernen (→ Seite 19).

Pinselalgen Diese Algen treten häufig in sehr bewegtem Wasser auf und befallen besonders langsam wachsende Pflanzen. Stark befallene Blätter sollte man komplett entfernen.

Kieselalgen Sie überziehen oft Pflanzen, Steine und Wurzeln mit einem bräunlichen Belag. Kieselalgen sind durch algenfressende Fische mit Saugmaul recht leicht zu entfernen (→ Seite 56).

Schmieralgen Sie überziehen oft in kürzester Zeit Pflanzen und Dekomaterialien mit einer bläulichen Masse. Schmieralgen sind eigentlich keine Algen, sondern eine Bakterienart. Mechanisch kann man den Belag beim Wasserwechsel mithilfe eines Wasserschlauchs leicht entfernen (→ Seite 53).

Patentrezept gegen Algen Aquarienpflanzen erfüllen eine Schlüsselrolle für das biologische Gleichgewicht im Aquarium. Besonders schnell wachsende Pflanzen nehmen Phosphate und Nitrate auf und verhindern so übermäßiges Algenwachstum (→ Kampf den Algen, Seite 37). Stimmen die Wachstumsbedingungen der Aquarienpflanzen, haben Algen keine Chance, sich zu vermehren. So lautet die einfache Rezeptur für eine algenfreie Unterwasserlandschaft.

Ein neuer Pflegling, wie hier die rote Ludwigie 'Rubin', bringt frischen Wind in die bestehende Unterwasserlandschaft.

Mit einem Kalenderbild als Aquarienrückwand, zum Beispiel einer Nahaufnahme von schönen Steinen, lässt sich oft ein erstaunlich interessanter Effekt erzielen.

Kleine Veränderung – große Wirkung

Allein durch das Wachstum der Pflanzen entsteht immer wieder ein verändertes Bild der Unterwasserlandschaft. Doch irgendwann kommt auch bei Ihnen sicher der Wunsch, ein oder mehrere neue Pflanzen zu pflegen oder eine ältere Pflanze auszutauschen. Verblüffend dabei, wie zum Beispiel eine zusätzliche Pflanzenfarbe oder Blattform der Landschaft unter Wasser einen ganz anderen Charakter verleihen kann. Auch durch das Umsetzen von Steinen und Wurzeln wird oft ein völlig neues Bild des Unterwasser-Gartens »gemalt«, ebenso wie beispielsweise durch das Aufbinden von verschiedenen Moosen auf bereits vorhandenen Wurzeln.

Fotorückwände setzen Akzente

Ohne dass Sie die Bepflanzung Ihres Unterwasser-Gartens verändern müssen, können Sie mit Fotorückwänden wunderbare Wirkungen erzielen. Der Fachhandel bietet Fotorückwände, meist mit Pflanzenmotiven. Doch für ein Aquarium mit echtem Pflanzenbewuchs wirken solche »Kunstwerke« eher störend. Gut dagegen sind einfarbige Folien oder festere Papiere in den Farben Schwarz oder Blau geeignet. Probieren Sie es aus: Ihre Unterwasserlandschaft wird in einem neuen Licht erstrahlen.

Kalenderbilder Eine ganz besondere Wirkung erzielt man mit großformatigen Kalenderbildern von schönen Landschaftsmotiven. Wenn die Pflanzen geschickt platziert sind und einen Blick in die »Ferne« erlauben, entsteht ein faszinierender Eindruck der »Miniaturlandschaft unter Wasser«.

Strukturrückwände Sehr dekorativ sind auch sogenannte Strukturrückwände mit der Nachbildung von Felsenlandschaften oder Wurzelmotiven. Diese sollte man jedoch nur bei großen Aquarien verwenden. Strukturrückwände brauchen nämlich wesentlich mehr Platz als Folien oder Karton. Und noch ein Tipp: Bei Strukturrückwänden sollte der Hintergrund nicht durchgehend bepflanzt sein. Wenn Sie sichtbare Lücken lassen, hat man einen schönen Blick auf das Motiv der Rückwand.

Fische, Garnelen und Schnecken

Die richtige Auswahl der tierischen Bewohner spielt für ein gut funktionierendes Aquarium eine ganz besonders wichtige Rolle.

Die Auswahl der Fische

Zu viele Fische im Aquarium sind oft die Ursache großer Probleme. Als Faustregel gilt: 3 bis 5 Liter Wasser auf einen Zentimeter Fisch. Setzen Sie nicht zu viele verschiedene Arten ein. Das wirkt in Ihrem Unterwasser-Garten eher unruhig und unnatürlich. Die einzelnen Fischarten bevorzugen bestimmte Bereiche im Aquarium. Einige Arten wie etwa die Beilbauchfische halten sich gern an der Wasseroberfläche auf, andere – wie viele Salmlerarten – bevorzugen den mittleren Bereich. Und es gibt auch Bodenfische wie zum Beispiel Zwergbuntbarsche oder Panzerwelse. Achten Sie bei der Auswahl der Fische auch auf eine harmonische Optik von Pflanzenlandschaft und Fischen.

Zarte Algenbeläge werden von einigen Fischarten besonders gern abgeweidet.

So wirken beispielsweise große Fische zu einer feingliedrig grazilen Bepflanzung eher störend. Legen Sie auch ein Augenmerk auf die Farben der Fische. Viele rote Pflanzen und dazu auch noch rote Fische sind einfach zu viel des Guten. Sehr zu empfehlen sind klein bleibende Salmlerarten mit ihren vielfältigen Farben und Zeichnungen.

Algenfressende Fische Zu den besten Algenfressern zählt die Siamesische Rüsselbarbe, die jedoch eine Beckengröße ab 80 cm benötigt. Der Zwergharnischwels *Otocinclus* ist wesentlich kleiner und ebenfalls ein bewährter Algenfresser. Auch Guppys, Black Mollys, Platys, Segelkärpflinge und Florida-Kärpflinge haben Algen zum »Fressen« gern.

Faszinierende Garnelen

Vor allem Zwerggarnelen erfreuen sich steigender Beliebtheit. Besonders in Nanoaquarien sind sie faszinierende Bewohner mit interessanter Lebensweise. Den ganzen Tag beschäftigen sie sich mit der Suche nach abgestorbenem Pflanzenmaterial und Algenaufwuchs. Der beste Algenvertilger, der nur wenig zusätzliche Fütterung benötigt, ist die Amanogarnele. Damit sie sich wohlfühlt, sollte sie immer in einer größeren Gruppe – ab 10 Tieren – gepflegt werden. Amanogarnelen sind Allesfresser. Sie ernähren sich von den Futterresten der Fische und Algenbelägen. Eine Algenplage können sie jedoch nicht besiegen. Hier muss man der Ursache auf den Grund gehen.

Schnecken-Schönheiten

Schnecken haben keinen guten Ruf in der Aquaristik. Ihre rasante Vermehrung im Aquarium ist meist der Indikator dafür, dass zu viel gefüttert wird und das biologische Gleichgewicht ins Wanken geraten ist. Doch Schnecken können durchaus nützliche und dazu noch wunderschöne Helfer sein, wie zum Beispiel die Turmdeckelschnecken. Sie sind nicht nur gute Algenvertilger, sondern transportieren auch Mulm in den Bodengrund, wo er dann von Bakterien abgebaut wird. Zebra-Rennschnecken sind eine wertvolle Unterstützung gegen Bart- und Pinselalgen (→ Seite 54), und sie betätigen sich unermüdlich als Scheibenputzer. Auch die attraktiven Posthorn- und Geweihschnecken gehören zu den nützlichen Pfleglingen im Aquarium.

1 GARNELEN Viele Garnelenarten sind exzellente Algenvertilger und können so manches Aquarium dauerhaft von dieser Plage befreien. Besonders die Amanogarnelen *(Caridino japanico)* sind äußerst effektive Algenfresser. Die Kardinalsgarnele *(Caridina dennerlii)*, im Foto zu sehen, ist ein besonders schöner Pflegling, aber eher für fortgeschrittenene Aquarianer geeignet.

2 SCHNECKEN Etliche Arten erweisen sich als fleißige Helfer im Aquarium. Die skurrile Geweihschnecke *Clithon* beispielsweise putzt unermüdlich Scheiben und Einrichtungsgegenstände. Ebenso wunderschön wie nützlich sind auch die Zebra-Rennschnecken. Sie ernähren sich in erster Linie von Futterresten und Algen, lassen aber die Pflanzen »links« liegen.

3 FISCHE Wie Pflanzen, Steine und Wurzeln gehören auch Fische zu einem schön gestalteten Aquarium. Neben der Schönheit und Anmut der Fische gibt es auch hier fleißige »Mitarbeiter«, wie zum Beispiel den Zwergharnischwels *Otocinclus* spec. und die Siamesische Rüsselbarbe *(Crossocheilus siamensis)*, die sich jedoch nur in einem größeren Aquarium – ab 80 cm – wohlfühlt.

Wenn die Pflanzen kümmern

Manchmal entwickelt sich unser Unterwasser-Garten leider nicht so, wie wir uns das eigentlich vorgestellt haben. Die Ursachen dafür können durchaus vielfältig sein.

Falsche Wassertemperatur

Bei sehr hohen Temperaturen, wie sie beispielsweise für die Pflege von Diskusfischen nötig sind, wird es für viele Pflanzen auf die Dauer kritisch. Wassertemperaturen um die 30 °C sind für die meisten Pflanzen deutlich zu hoch. Die Pflanzen haben dann dünne Triebe mit wenigen kleinen Blättern. Bei zu niedrigen Temperaturen stellen die Pflanzen das Wachstum ein und können absterben.

Diese Pflanze, die Kriechende Staurogyne *(Staurogyne repens)*, leidet unter Manganmangel.

Lichtmangel

Die Pflanze ist schwach, und die Blätter sind hellgrün bis gelblich, die Stängel bleiben dünn und haben wenige kleine Blätter. Möglicherweise steht die Pflanze im Schatten einer größeren Pflanze, oder die Leuchtstoffröhren sind überaltert.

Nährstoffmangel

Nährstoffmangel ist leider eine recht häufige Ursache für schlechtes oder kümmerliches Wachstum der Pflanzen. Es ist allerdings nicht so einfach, den Mangel eines bestimmten Nährstoffes herauszufinden. Eisenmangel ist eine häufige Ursache dafür, dass Pflanzen nicht gedeihen. Die Blätter der Pflanze sind gelb und erscheinen glasig. Auch ein Manganmangel zeigt gelbe Blätter, die Blattnerven sind jedoch noch grün. Verwenden Sie regelmäßig einen Wasserpflanzen-Volldünger mit allen Spurennährstoffen. Bei einem CO_2-Mangel wachsen die Pflanzen allgemein langsamer und bleiben kleiner. Manche Pflanzen weisen raue Beläge auf (biogene Entkalkung). Mithilfe eines CO_2-Dauertests, den Sie im Fachhandel erhalten, ist die Kontrolle spielend einfach (→ Seite 52).

Cryptocorynenfäule

Die Bezeichnung Cryptocorynenfäule ist etwas irreführend, denn hier handelt es sich nicht um eine Krankheit, sondern um eine Reaktion auf plötzliche gravierende Veränderungen im Aquarium. Wasserkelche *(Cryptocoryne)* reagieren darauf sehr empfindlich. Zuerst erscheinen kleine Löcher in den Blättern, und über Nacht können die Blätter und Stiele komplett verfaulen. Die verfaulten Blätter sollten sofort abgesaugt und ein Teilwasserwechsel vorgenommen werden (→ Seite 47). Die Ursachen für diese merkwürdige Erscheinung können ein größerer, aber längst überfälliger Wasserwechsel sein oder der Einsatz neuer Leuchtstoffröhren. So schlimm der plötzliche Verlust auch ist, nach einigen Tagen treiben die Pflanzen aus dem Wurzelbereich wieder neue Blätter aus.

Blattschäden

Manche Blattschäden entstehen durch Fische und Schnecken. So sind beispielsweise einige Saugwelsarten für Blattschäden an Schwertpflanzen verantwortlich. Die oberste Blattschicht wird regelrecht »abgeraspelt«. Füttern Sie zusätzlich mit Welsfutter. Auch einige Schnecken »vergreifen« sich an Pflanzen, besonders die Apfelschnecken sind rasante Pflanzenvertilger.

Medikamente

Bei Krankheiten müssen Fische manchmal mit Medikamenten behandelt werden. Lesen Sie die Angaben der Gebrauchsanweisung genau. Besonders empfindliche Pflanzen kann man notfalls »evakuieren« und erst nach einem Wasserwechsel wieder einpflanzen. Algen sollten Sie niemals mit Algiziden bekämpfen, denn das führt auf jeden Fall zu massiven Pflanzenschäden.

Krankheiten **vorbeugen**

TIPPS VOM PFLANZEN-EXPERTEN
Stefan Hummel

REGELMÄSSIG DÜNGEN Verwenden Sie einen guten Aquarienpflanzendünger und stellen Sie die CO_2-Düngung auf optimale Werte ein: Zehn CO_2-Blasen pro 100 Liter Wasser sind als Grundeinstellung ausreichend.

HÄUFIGER WASSERWECHSEL Man kann es nicht oft genug betonen: Ein wöchentlicher Teilwasserwechsel ist optimal und hilft vorbeugend gegen mögliche Wachstumsdepressionen bei Ihren Aquarienpflanzen.

»GUTE« ALGEN Algenbälle *(Aegagrophila)* als Vordergrundpflanzen sehen nicht nur hübsch aus, sondern reduzieren auch das Wachstum anderer, nicht so beliebter Algen im Aquarium.

NATÜRLICHE WASSERPFLEGE Die getrockneten Blätter des Seemandelbaums *(Terminalia)* fügen dem Wasser Naturstoffe zu und stabilisieren den pH-Wert. Natürliche Stoffe wirken sich positiv auf Wasser, Fische und Pflanzen aus. Geben Sie ein Blatt Seemandelbaum auf 100 Liter Wasser. Nach zwei Tagen sinken die Blätter vollgesogen auf den Grund und verbleiben dort.

Die **halbfett** gesetzten Seitenzahlen verweisen auf Abbildungen, U = Umschlag, UK = Umschlagklappe.

Die Inhalte dieses Buches beziehen sich auf die Bestimmungen des deutschen Tier- bzw. Artenschutzes. In anderen Ländern können die Angaben abweichend sein. Erkundigen Sie sich daher im Zweifelsfall bei Ihrem Zoofachhändler oder bei der entsprechenden Behörde.

Adressen

Verbände/Vereine

- Verband Deutscher Vereine für Aquarien- und Terrarienkunde e. V. (VDA), Geschäftsstelle: Manfred Rank, Steinbühlleite 12, 95234 Sparneck, www.vda-aktuell.de
- Bundesverband für fachgerechten Natur- und Artenschutz e. V. (BNA), Ostendstr. 4, 76707 Hambrücken, www.bna-ev.de

Wichtiger Hinweis

- Bei elektrischen Geräten am Aquarium nur geprüfte und für den Zweck vorgesehene Produkte verwenden. Niemals herumbasteln!
- Berühren Sie kranke oder tote Fische nie mit bloßen Händen. Tragen Sie Einweghandschuhe zum Schutz Ihrer Gesundheit.
- Neue Wasserpflanzen können Vergiftungen verursachen. Immer wässern und spülen, um Dünger und Schadstoffe zu entfernen.
- Vorsicht bei der Anwendung von Medikamenten. Bewahren Sie sie für Kinder unzugänglich auf.

- Österreichischer Verband für Vivaristik und Ökologie (ÖVVÖ), Gerhard Gabler, Bonygasse 49/14, A-1120 Wien, www.oevvoe.org
- Oberösterreichischer Verband für Vivaristik und Ökologie (OÖVVÖ), Hans Esterbauer (Präsident), Johann-Puch-Str. 27/III/5, A-4400 Steyr, www.ooevvoe.at

Untersuchungsstellen

- Institut für Zoologie, Fischereibiologie und Fischkrankheiten der Tierärztlichen Fakultät der LMU München, Kaulbachstr. 37, 80539 München, www.vetmed.uni-muenchen.de/zoofisch
- Universität Gießen, Klinik für Vögel, Reptilien, Amphibien und Fische, Frankfurter Str. 87, 35392 Gießen, www.vetmed.uni-giessen.de/kli.htm

Sachversicherung

- Deutscher Ring, Ludwig-Erhard-Str. 22, 20459 Hamburg, www.deutscherring.de

Fragen zur Aquaristik

beantworten Ihr Zoofachhändler und der Zentralverband Zoologischer Fachbetriebe Deutschlands e. V. (ZZF), Tel.: 0611/44755332 (nur telefonische Auskunft möglich: Mo 12–16 Uhr, Do 8–12 Uhr), www.zzf.de

Internetadressen

Weitere Informationen rund um Aquarienpflanzen finden Sie im Internet unter:

- www.dennerle.com
- www.flowgrow.de
- www.cubeclub.net
- www.heimbiotop.de

Bücher

- Behrendt Alexandra/Lukhaup, Chris: Schnecken fürs Aquarium, Gräfe und Unzer Verlag, München
- Kasselmann, Christel: Aquarienpflanzen, Verlag Eugen Ulmer, Stuttgart
- Kölle, Petra: 300 Fragen zum Aquarium, Gräfe und Unzer Verlag, Stuttgart
- Pekny, Reinhard/Lukhaup, Chris: Süßwasser-Krebse, Gräfe und Unzer Verlag, München
- Pekny, Reinhard/Lukhaup, Chris: Süßwasser-Garnelen, Gräfe und Unzer Verlag, München
- Schliewen, Ulrich: Das große GU Praxishandbuch Aquarium, Gräfe und Unzer Verlag, München
- Schliewen, Ulrich: Mein Aquarium, Gräfe und Unzer Verlag, München

Zeitschriften

- DATZ. Aquarien- und Terrarien-Zeitschrift. Verlag Eugen Ulmer, Stuttgart
- AMAZONAS. Natur und Tier-Verlag GmbH, Münster
- Aquaristik-Fachmagazin. Tetra Verlag GmbH, Berlin-Velten
- Aquaristik – Aktuelle Süßwasserpraxis. Dähne Verlag, Ettlingen

Dank

Autor und Verlag danken der Firma Dennerle, die für diesen Ratgeber Aquarien, Aquarienzubehör und Pflanzen zur Verfügung gestellt hat.

Freude am Tier

Die neuen Tierratgeber – da steckt mehr drin

ISBN 978-3-8338-1521-8
64 Seiten

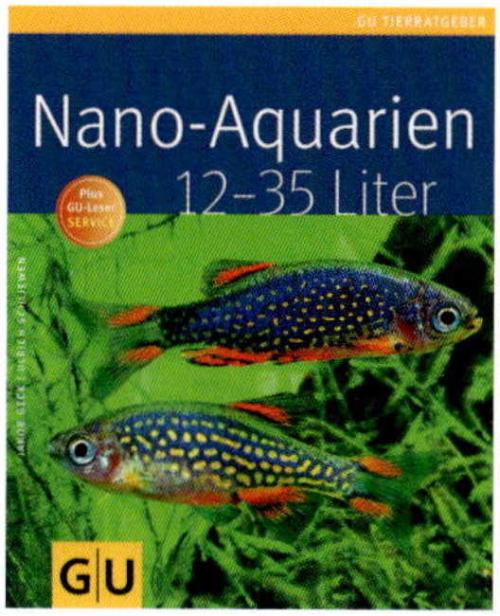

ISBN 978-3-8338-1269-9
64 Seiten

ISBN 978-3-8338-1196-8
64 Seiten

ISBN 978-3-8338-1204-0
64 Seiten

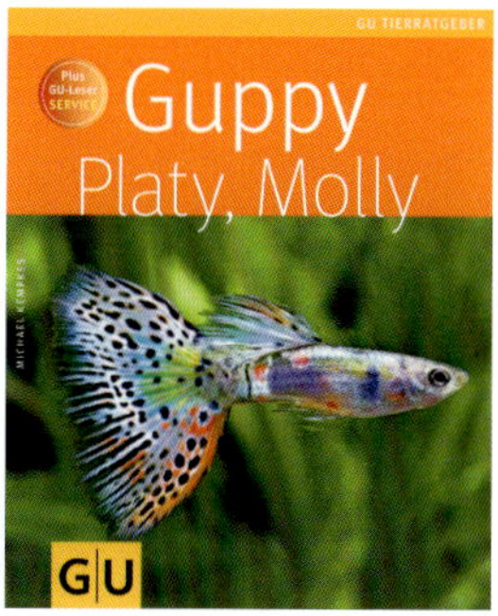

ISBN 978-3-8338-1711-3
64 Seiten

ISBN 978-3-8338-1606-2
64 Seiten

Das macht sie so besonders:

Praxiswissen kompakt – vermittelt von GU-Tierexperten

Praktische Klappen – alle Infos auf einen Blick

Die 10 GU-Erfolgstipps – so fühlt sich Ihr Tier wohl

GU

Willkommen im Leben.

IMPRESSUM

Unsere Garantie

Alle Informationen in diesem Ratgeber sind sorgfältig und gewissenhaft geprüft. Sollte dennoch einmal ein Fehler enthalten sein, schicken Sie uns das Buch mit dem entsprechenden Hinweis an unseren Leserservice zurück. Wir tauschen Ihnen den GU-Ratgeber gegen einen anderen zum gleichen oder ähnlichen Thema um.

Liebe Leserin und lieber Leser,

wir freuen uns, dass Sie sich für ein GU-Buch entschieden haben. Mit Ihrem Kauf setzen Sie auf die Qualität, Kompetenz und Aktualität unserer Ratgeber. Dafür sagen wir Danke! Wir wollen als führender Ratgeberverlag noch besser werden. Daher ist uns Ihre Meinung wichtig. Bitte senden Sie uns Ihre Anregungen, Ihre Kritik oder Ihr Lob zu unseren Büchern. Haben Sie Fragen oder benötigen Sie weiteren Rat zum Thema? Wir freuen uns auf Ihre Nachricht!

Wir sind für Sie da!
Montag – Donnerstag: 8.00 – 18.00 Uhr;
Freitag: 8.00 – 16.00 Uhr
Tel.: 0180 - 5 00 50 54*
Fax: 0180 - 5 01 20 54*
*(0,14 €/Min. aus dem dt. Festnetz/ Mobilfunkpreise maximal 0,42 €/Min.)
E-Mail:
leserservice@graefe-und-unzer.de

P.S.: Wollen Sie noch mehr Aktuelles von GU wissen, dann abonnieren Sie doch unseren kostenlosen GU-Online-Newsletter und/oder unsere kostenlosen Kundenmagazine.

GRÄFE UND UNZER VERLAG
Leserservice
Postfach 86 03 13
81630 München

Projektleitung: Anita Zellner
Lektorat: Gabriele Linke-Grün
Bildredaktion: Silke Bodenberger, Anita Zellner, Petra Ender (Cover)
Umschlaggestaltung und Layout: independent Medien-Design, Horst Moser, München
Herstellung: Claudia Labahn
Satz: Uhl + Massopust, Aalen
Reproduktion: Longo AG, Bozen
Druck: Firmengruppe APPL, aprinta druck, Wemding
Bindung: Firmengruppe APPL, sellier druck, Freising

Printed in Germany

ISBN 978-3-8338-2104-2

1. Auflage 2011

GRÄFE UND UNZER

Ein Unternehmen der
GANSKE VERLAGSGRUPPE

Der Autor

Stefan Hummel, Gärtnermeister im Zierpflanzenbau, leitet seit 1994 die Gewächshäuser der Firma Dennerle, eine der größten Wasserpflanzengärtnereien Europas. Sein Arbeitsschwerpunkt ist die Entwicklung und Entdeckung neuer Aquarienpflanzen in aller Welt sowie die Gestaltung wunderschöner naturnaher Unterwasserlandschaften.

Der Fotograf

Chris Lukhaup ist im Fachbeirat zahlreicher aquaristischer Zeitschriften und für Universitäten und Museen tätig. Seine große Leidenschaft gilt den Krebstieren sowie der Fotografie von Fischen, Wirbellosen und Aquarienpflanzen. Alle Fotos in diesem Buch stammen von ihm mit Ausnahme von: **Dennerle**: 28.

Syndication:
www.jalag-syndication.de